● 广东省软科学研究重点资助项目"创新驱动发展战略背景下的广东省科研机构行业与区域布局研究"（项目编号：2015A070703014）

区域新引擎
广东科研机构布局优化研究

◎林映华　孙晓麒　杜丹　编著

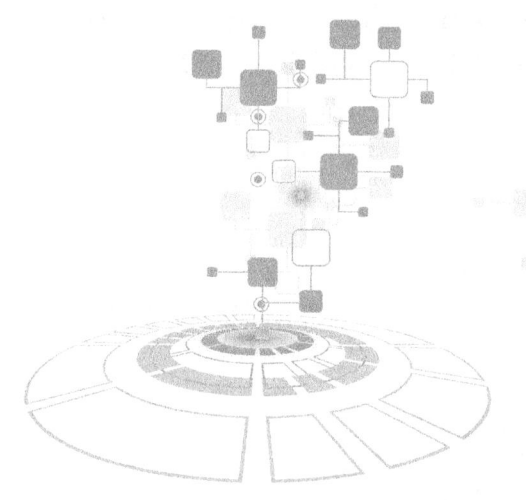

华南理工大学出版社
SOUTH CHINA UNIVERSITY OF TECHNOLOGY PRESS

·广州·

图书在版编目（CIP）数据

区域新引擎：广东科研机构布局优化研究/林映华，孙晓麒，杜丹编著.—广州：华南理工大学出版社，2020.4
　ISBN 978-7-5623-6307-1

　Ⅰ.①区… Ⅱ.①林… ②孙… ③杜… Ⅲ.①科学研究组织机构-最优布局-研究-广东 Ⅳ.①G322.236.5

　中国版本图书馆 CIP 数据核字（2020）第 062097 号

Quyu Xin Yinqing——Guangdong Keyan Jigou Buju Youhua Yanjiu
区域新引擎——广东科研机构布局优化研究
林映华　孙晓麒　杜　丹　编著

出 版 人：卢家明
出版发行：华南理工大学出版社
　　　　　（广州五山华南理工大学17号楼　邮编：510640）
　　　　　http://www.scutpress.com.cn　E-mail: scutc13@scut.edu.cn
　　　　　营销部电话：020-87113487　87111048（传真）
策划编辑：吴翠微
责任编辑：陈　蓉
责任校对：詹伟文
印 刷 者：广东虎彩云印刷有限公司
开　　本：787mm×1092mm　1/16　印张：12.5　字数：205千
版　　次：2020年4月第1版　2020年4月第1次印刷
定　　价：49.00元

版权所有　盗版必究　　印装差错　负责调换

前　言

近年来，我国已逐渐从要素驱动转入创新驱动发展的全新阶段。作为改革开放排头兵的广东，率先把创新驱动发展作为核心发展战略，全面建设科技创新强省。党的十九大以来，广东科技创新与建设取得新进展、新成效。根据《中国区域创新能力评价报告（2019）》，自2017年以来，广东区域创新能力已连续三年蝉联全国第一。科研机构作为区域创新体系的重要组成部分，是提升区域创新能力、推动广东创新驱动发展的重要力量。自1999年广东在全国率先开展科技体制改革以来，广东科研机构数量不断增加，能力不断提升，发展环境也不断优化，为广东的科技进步和经济社会发展提供了重要支撑。但由于科研体制弊端、辐射带动能力弱、机构规模小实力弱、科研人员流失严重、财政支持力度不够、区域与行业布局不合理等种种因素，广东科研机构的创新能力还有待提升，区域与行业布局亟待优化，与广东经济社会发展需求不相匹配，成为广东实施创新驱动发展战略中最迫切需要加以补齐的短板。本书从区域与行业布局入手，重点研究分析广东省属科研机构、新型研发机构和省实验室等不同类型科研机构的现状与问题，结合实施创新驱动发展战略背景，提出优化广东科研机构行业与区域布局的政策建议。

本书共七个章节，第一章为本书绪论，概述了本书的研究背景、问题、意义及研究内容与方法等，对本书的相关概念及研究对象进行界定；第二章详细分析了广东科研机构发展现状，主要包括广东省属科研机构、新型研发机构和广东省实验室等不同类型科研机构的发展现状分析；第三章主要借鉴国内外科研机构行业与区域布局的先进做法和成功经验，选取了美国、德国、日本、印度、江苏、上海等进行研究；第四章为本书研究分析的理论基础及概念模型，为后面章节科研机构区域布局与行业布局的研究分析奠定基础；第五、六章结合相关实证测量研究，从现状、问题及优化建议三个方面分别对广东科研机构的区域与行业布局进行研究分析；第七章为政策建议，在前六章研究分析基础上，提出优化广东科研机构行业与区域布局的政策建议。

本书的创新点主要体现在以下几个方面：

一是强调解决突出问题。本著作坚持以问题为导向，利用前期研究基础和所掌握的大量一手研究资料，结合国内外科研机构行业与区域布局经验，通过实地走访调研，总结广东省属科研机构、新型科研机构和省实验室等科研机构行业与区域布局现状，厘清存在的主要问题，探求解决的合理措施和有效路径。

二是提出科研机构行业布局匹配度与区域布局耦合协调度测量模型。为更科学、合理地剖析当前广东科研机构行业与区域布局存在的问题，本著作创新性地提出科研机构区域布局耦合协调度模型和行业布局与产业匹配度模型，用于测量科研机构区域布局与区域创新能力相互作用的程度，以及科研机构行业布局与产业匹配情况。

三是强调形成紧扣实际的研究成果。重视理论与应用决策研究相结合，紧密结合广东实际，在文献研究、实地调研与实证分析相结合的研究基础上，明确提出优化科研机构行业与区域布局的政策建议。

本著作的编著涉及资料较多、数据收集任务较重，作者获得不少领导和相关人员的全力帮助。广东省科学院领导颜国荣副书记、周舟宇副院长提出了宝贵的指导意见；承担广东省重点软科学研究"创新驱动发展战略背景下的广东省科研机构行业与区域布局研究"的课题组成员周小云、王富贵、李奎、廖晓东、李金惠、邱荣华参与了课题研究并贡献良多；广东省华南技术转移中心有限公司战略研究员张跃、华南理工大学研究生王亚林、暨南大学研究生何帅也参与了部分资料收集和编写工作。在此，一并表示崇高敬意与衷心感谢。由于能力及时间有限，书中难免存在不当之处，敬请广大读者和专家批评指正。

编著者
2020 年 3 月

目 录

第1章 绪 论 ………………………………………………………… 1
  1.1 研究背景、研究问题与研究意义 …………………………… 3
  1.2 相关概念及研究对象界定 …………………………………… 9
  1.3 研究内容与方法 ……………………………………………… 17
  1.4 主要创新点 …………………………………………………… 20

第2章 广东科研机构发展现状分析 …………………………………… 23
  2.1 广东科研机构发展历程 ……………………………………… 25
  2.2 广东科研机构发展现状 ……………………………………… 31
  2.3 广东科研机构发展存在问题 ………………………………… 42
  2.4 新时代广东科研机构改革方向 ……………………………… 47

第3章 国内外科研机构行业与区域布局经验借鉴 …………………… 51
  3.1 国外科研机构行业与区域布局经验 ………………………… 53
  3.2 国内科研机构行业与区域布局经验 ………………………… 63
  3.3 主要启示 ……………………………………………………… 70

第4章 理论基础及概念模型 …………………………………………… 73
  4.1 相关理论基础 ………………………………………………… 75
  4.2 科研机构支撑创新驱动发展机制研究 ……………………… 80
  4.3 区域布局耦合度模型与理论基础 …………………………… 85
  4.4 行业布局耦合度模型与理论基础 …………………………… 87

第 5 章 广东科研机构区域布局分析 … 93
5.1 总体区域布局 … 95
5.2 广东科研机构区域布局耦合协调度实证测量 … 101
5.3 广东科研机构区域布局存在问题 … 111
5.4 优化广东科研机构区域布局主要思路与方向 … 119

第 6 章 广东科研机构行业布局分析 … 125
6.1 总体行业布局 … 127
6.2 广东科研机构与产业匹配度实证分析 … 134
6.3 广东科研机构行业布局存在问题 … 138
6.4 优化广东科研机构行业布局主要思路与方向 … 143

第 7 章 优化广东科研机构行业与区域布局的政策建议 … 149
7.1 完善科研机构区域布局,促进区域结构合理化 … 151
7.2 完善科研机构行业布局,积极拓展技术创新空间 … 152
7.3 促进科技资源优化配置,加强行业创新能力建设 … 154
7.4 加大财政科技投入,提高基础设施建设水平 … 155
7.5 深化科技体制机制改革,支持科研机构多元化发展 … 157
7.6 完善科研机构政策环境,提高科研机构创新竞争力 … 159
7.7 加强高层次人才引进和培养,优化科研机构人才资源 … 160

附 录 … 163

第1章

绪 论

第1章 绪 论

1.1 研究背景、研究问题与研究意义

科研机构与企业、高校是构建区域创新体系、支撑自主创新和产业转型升级的"金三角",是实现要素驱动向创新驱动战略转变不可或缺的重要主体,在全面实施创新驱动发展战略中具有不可替代的重要作用。而科研机构作为研发驱动的核心,在科技创新中承担了大量行业共性、关键性和前沿性技术的研究开发任务,为推动国家技术进步和高技术产业发展作出了重要贡献。

近年来,广东高度重视科技创新,省委十二届四次全会明确提出以深入实施创新驱动发展战略为重点,加快建设科技创新强省。目前广东经济已经由高速增长阶段转向高质量发展阶段,正处于经济社会转型升级的攻关期,一直以来长期支撑经济快速发展的土地、人口、资源、环境等方面已难以为继,结构性、体制性的深层次矛盾不断凸显,迫切需要依靠科技创新支撑引领经济社会发展,实现从要素驱动向创新驱动的战略转变。而科研机构作为区域创新体系建设的重要组成部分,在实施创新驱动发展战略中必将担负重任。

随着创新驱动发展战略的深入实施,科研机构发展环境不断优化,数量不断增加,能力不断提升。省属科研机构改革创新进程加快,企业研发机构、非营利科研机构创新量增质升,新型科研机构不断涌现,高等院校研发机构建设加快,为促进广东科技进步和经济社会发展发挥了重要作用。然而,由于政策支持力度不够、服务产业能力薄弱、区域布局不合理等种种原因,全省科研机构的创新能力亟待提升、行业与区域布局亟待优化目前已成为广东区域创新体系建设中最为薄弱的环节,是广东提高自主创新能力,实施创新驱动发展战略中迫切需要加以补齐的最大短板。

1.1.1 研究背景

1. 随着创新驱动发展战略的深入实施，科研机构体制机制改革进入"深水区"

党的十九大明确提出"创新是引领发展的第一动力，是建设现代化经济体系的战略支撑"，进一步明确了创新在引领经济社会发展中的重要地位，标志着创新驱动作为一项基本国策，在新时代中国发展的征程上，将发挥越来越显著的战略支撑作用。这是我们党以全球视野谋划和推动自主创新，着力增强创新驱动发展新动力，加快形成经济发展新方式，推动经济社会科学发展、率先发展的重要举措。也是我国落实创新发展理念、实现引领型发展、夺取全面建成小康社会决战胜利的基础和关键[1]。

2015年3月13日，中央出台《中共中央 国务院关于深化体制机制改革加快实施创新驱动发展战略的若干意见》（中发〔2015〕8号，以下简称《意见》），指导深化体制机制改革，加快实施创新驱动发展战略，提出要构建更加高效的科研体系，发挥科学技术研究对创新驱动的引领和支撑作用，遵循规律、强化激励、合理分工、分类改革，增强高等学校、科研院所原始创新能力和转制科研院所的共性技术研发能力。《意见》提出，"深化转制科研院所改革。坚持技术开发类科研机构企业化转制方向，对于承担较多行业共性科研任务的转制科研院所，可组建成产业技术研发集团，对行业共性技术研究和市场经营活动进行分类管理、分类考核。推动以生产经营活动为主的转制科研院所深化市场化改革，通过引入社会资本或整体上市，积极发展混合所有制，推进产业技术联盟建设。对于部分转制科研院所中基础研究能力较强的团队，在明确定位和标准的基础上，引导其回归公益，参与国家重点实验室建设，支持其继续承担国家任务。"《意见》也提出，"完善企业为主体的产业技术创新机制。优化国家实验室、重点实验室、工程实验室、工程（技术）研究中心布局，按功能定位分类整合，构建开放共享互动的创新网络，建立向企业特别是中小企业有效开放的机制。"

随着科技体制改革逐渐深入，各项科技体制改革举措不断细化落实，制约科技创新的体制机制障碍被逐渐破除。2018年7月，中共中央办公厅、国务院办公厅印发《关于深化项目评审、人才评价、机构评估改革的意见》，聚焦项目评审、人才评价、机构评估工作，提出针对性的改革举措，进一步优化科研项目评审管理机制，改进科技人才评价方式，完善科研机构评估制度，加强监督评估和科研诚信体系建设。紧接着，国务院印发《关于优化科研管理提升科研绩效若干措施的通知》，再次强调简化科研项目申报和过程管理，赋予科研人员和科研单位更大的科研自主权；建立以创新质量和贡献为导向的绩效评价体系等。

随着创新驱动发展战略不断深入实施，科技体制改革进程被加速推进，制约科技创新的体制机制障碍逐渐消除，但科研机构体制机制改革，也正在进入"深水区"。科研机构体制机制改革，就是要构建与创新驱动发展战略实施相适应的体制机制。

2. 广东率先深化科技体制改革，促进科研机构创新能力提升

广东正处于经济社会转型升级爬坡过坎的关键阶段，长期支撑经济快速发展的土地、空间、资源、环境等方面已难以为继，结构性、体制性深层次矛盾不断凸显，迫切需要依靠科技创新支撑引领经济社会发展，实现从要素驱动向创新驱动的战略转变。省委十二届四次全会明确提出以深入实施创新驱动发展战略为重点，加快建设科技创新强省。广东在全国范围内率先开展以省属科研机构为重点的科研机构体制改革，促进了科研机构创新能力的极大提升。

2014年6月，《中共广东省委 广东省人民政府关于全面深化科技体制改革加快创新驱动发展的决定》（粤发〔2014〕12号）印发，在全国率先全面深化科技体制改革，把增强自主创新能力、破除体制机制障碍的"两个轮子"同步转起来。2015年2月，《广东省人民政府关于加快科技创新的若干政策意见》（粤府〔2015〕1号）出台，随后8个配套实施细则文件陆续公布并实施。在全面深化科技体制改革、加快创新驱动发展的政策环境下，广东科研机构再次迎来发展新机遇。

省属科研机构改革进程加快。广东自1999年在全国率先开展科技体制改革开始，通过分类定位、整合资源、创新机制、政府引导等措施，逐步形成了以工业、农业、社会发展、科技服务业为主体的多领域、多学科的省属科研机构体系。1999年出台的《广东省深化科技体制改革实施方

案》对省属科研机构进行重新分类定位,将69个省属科研机构分为技术开发类、咨询服务类、公益类等3种类型。目前,广东原有69个省属科研机构,随着1999年广东省属科研机构分类改革,2000年广州有色金属研究院等3个国家属科研机构划归地方管理,2015年广东省委省政府对省属主体科研机构布局进行重大调整优化,形成了以广东省农科院为基础组建的农业领域主体科研机构,以广东省科学院为基础组建的社会发展领域主体科研机构,以广东省工业技术研究院和原省科学院重组的新广东省科学院为基础组建的工业领域主体科研机构;同时,以广东省科技厅所属5家科研单位为基础组建了科技服务业领域主体科研机构,共66家省属科研机构。[2]

企业研发机构数量不断增加。根据《广东省企业研发机构"十二五"发展规划》(粤府〔2012〕131号),2011年我省共有各类企业研发机构近4000家。其中,大中型工业企业建有研发机构2272家。第二次全国研发资源清查显示,我省国家级和省级企业研发机构分别达115家和1372家,位居全国前列。

2014年后,广东出台各项政策引导鼓励新型研发机构发展建设,如今新型研发机构已经成为广东创新驱动发展的新力量。2014年后,广东涌现出更多具有新建设模式、新体制机制特色的新型研发机构,截至2017年底,全省新型研发机构共有219家,远超过省属科研机构数量,深圳光启高等理工研究院(以下简称"深圳光启")、深圳华大基因科技有限公司(以下简称"华大基因")、华中科技大学东莞工业技术研究院(以下简称"华中科大工研院")等是新型研发机构中发展的佼佼者。国家主要领导人多次视察新型研发机构并给予肯定,广东省委、省政府对此也高度重视,提出要采取市场化机制新建一批新型科研机构,在项目、人才、资金等各项政策方面给予重点扶持。2017年,广东省科技厅组织召开新型研发机构创新发展工作交流会,总结近年来省级新型研发机构发展情况,推广经验模式,探讨发展方向,部署推进广东新型研发机构的发展建设,不断完善广东区域创新体系。

3. 科研机构行业与区域布局问题日益突出,成为制约区域创新发展的重要因素

经济持续健康发展离不开科技进步。近些年来科技飞速发展,科技创

新对经济增长的贡献不断提高，据统计显示，2018年我国科技进步贡献率达到58.5%。其中，广东科技进步贡献率为58.7%，而江苏科技进步贡献率达到63%，广东与江苏相比仍有不小的差距。广东与江苏经济体量相当，而广东区域创新能力更是从2017年起赶超江苏，连续两年全国第一。江苏与广东相比，具有很重要的一点优势就是：江苏具有更为丰富的高校科研机构资源。江苏拥有11所"211工程"高校，广东只有4所。科研机构数量上，江苏也明显高出广东。据统计，2017年江苏研究与开发机构高达811家，而广东2016年底统计县属以上科研机构只有197家。除此之外，广东科研机构行业与区域布局也存在明显问题。广东科研机构中政府类科研机构高度集中在省会城市广州，新型研发机构主要集中在珠三角地区；相比之下，江苏因为地区经济发展更为平衡，虽然其研究与开发机构也呈现苏南最多、苏中其次、苏北最少的格局，但机构的地区分布总体来说更加平衡。

合理的科研机构行业与区域布局体系是区域创新发展的基础和实现自主创新的根本保障。当前，科学技术日益成为经济社会发展的主要驱动力，新一轮科技革命和产业变革正在孕育兴起，为广东优化科研机构行业与区域布局提供了难得的重大机遇；党的十九大提出要坚定实施创新驱动发展战略，为广东开展科研机构行业与区域布局指明了方向。

1.1.2 研究问题

本著作拟从创新驱动发展战略、科研机构行业与区域布局的相关概念入手研究，总结国内外科研机构行业与区域布局的先进做法，根据广东科研机构发展现状，厘清广东科研机构行业与区域布局存在的问题，进而提出对策建议。本著作重点研究的问题主要有以下四个：

（1）比较分析国内外科研机构行业与区域布局的实践做法，力求得到有益于广东开展科研机构行业与区域布局的经验启示。本著作将分析美国、德国、日本、印度等国家科研机构行业与区域布局的先进做法和重要经验，然后结合国家层面，江苏、上海等省市的先进做法和重要经验，进行针对性比较分析，探求有益于广东省开展科研机构行业与区域布局的经验启示。

（2）梳理广东科研机构行业与区域布局存在的主要问题。本著作的研究坚持问题导向，最重要的是通过实地调研与研究，分类总结广东省属科研机构、新型科研机构等科研机构行业与区域布局的优势、劣势，厘清存在的主要问题，剖析影响广东科研机构行业与区域布局的主要因素。

（3）建立科研机构行业布局与区域布局的协调度测量模型。通过收集广东省科研机构在不同行业和不同区域的分布状况，分别以科研机构的行业分布对行业经济发展的影响以及科研机构的区域分布对城市创新能力的影响为纽带，构建科研机构的行业分布与行业经济发展状况的耦合模型以及科研机构的区域分布与城市创新能力的耦合模型。

（4）提出在创新驱动发展战略背景下广东省优化科研机构行业与区域布局的有效政策建议。在前面三个问题的研究基础上，得出本著作的重点研究内容。结合理论研究及国内外经验借鉴，提出改革创新性强、可操作性强的优化科研机构行业与区域布局的政策建议。

1.1.3 研究意义

随着省属科研机构深化改革，新型研发机构迅猛发展，广东科研机构在全面实施创新驱动发展战略中也逐渐发挥更重要的作用。但对科研机构目前的行业与区域布局在提高区域创新能力、促进区域产业转型升级、带动区域经济发展方面发挥支撑引领作用等方面开展深入研究后，发现仍存在不少问题亟待优化。

本著作重点研究分析广东省不同类型科研机构在不同行业、区域的发展现状与优劣情况，结合实施创新驱动发展战略背景，提出优化广东省科研机构行业与区域布局的思路及相关对策建议，为广东全面加快科研机构增量提质、优化科技创新资源整合提供重要决策参考，也对于国内其他地区政府管理部门具有重要借鉴意义和推广价值。同时，本著作提出科研机构行业布局协调度测量理论模型与科研机构区域布局协调度测量理论模型，对后续研究科研机构的行业与区域布局优化方案具有一定的理论借鉴意义。总之，优化广东科研机构行业与区域布局，既是创新体制机制，进一步深化科研体制改革的重要举措，也是整合科技创新资源，完善全省区域创新体系，增创广东科技创新驱动发展新优势的迫切需要，对于广东经济社会转型升级具有十分深远的重要意义。

1.2 相关概念及研究对象界定

1.2.1 创新驱动发展战略

1. 创新驱动

经济学家约瑟夫·熊彼特（Joseph Schumpeter）于1912年在《经济发展理论》一书中首次提出并深入解释了"创新"一词，认为创新是生产函数的改变和现有资源的重组。其内容主要可以概括为五个方面：①实施新的组织形式或管理方式；②生产新产品；③获取新货源；④开拓新市场；⑤采用新的生产工艺或流程[3]。对熊彼特解释的创新含义进行分析研究可以发现，熊彼特认为的创新有三个层次的范畴：第一是创新属于经济学的一种概念，创新活动本身是实现价值增值的过程；第二是不管是采用新的生产要素还是对要素进行新组合，最关键的都是要将创新引进生产体系；第三是与传统经济理论进行比较，除了技术、市场、商业模式等影响因素外，制度的创新对经济发展也非常重要[4]。

创新驱动（innovation-driven）的概念最早出现于迈克尔·波特的《国家竞争优势》一书，迈克尔·波特的创新驱动是对应于要素驱动（factor-driven）、投资驱动（investment-driven）和财富驱动（wealth-driven）提出的，四者是经济发展的组成阶段[5]，创新驱动指的是创新成为推动经济社会发展的主要动力[6]，其主要动力是创新能力与水平。总而言之，波特认为的创新驱动，即进入创新驱动发展阶段的国家应具有以下特征：

一是公司已经摆脱对国外技术和生产方法的绝对依赖，并且已经开始在具有竞争优势的产品、流程、营销等方面发挥其独特的创造力。

二是创新向两个方向发展：①产业集群纵向深化，上下游产业相互带动，推动企业向更高产业价值链发展；②产业集群横向发展，产业发展逐渐跨产业蔓延，然后集聚成更新更大的产业集群，产生扩散效应。

三是消费者对服务提出更高要求。

四是企业对市场营销、工程咨询、测试等专业服务的要求越来越高，促进第三产业的快速发展。

五是政府不再直接干预产业发展，而是采取更多间接措施，例如刺激、鼓励或创造更多先进的生产要素、扩大和提升需求、鼓励新业态等[7]。

现在许多学者都对创新驱动的内涵进行了深入研究。夏天将创新驱动分为三个阶段：前端驱动、过程驱动和后端驱动，并对每个阶段的重点策略进行了主要分析[8]。张银银和邓玲据此进一步分析了创新驱动这三个阶段的不同特征，三个阶段的创新驱动要素互相影响、互相作用，从而形成创新生态系统[9]。洪银兴提出创新驱动的本质是科技创新，要实现创新驱动发展，就要利用知识资本、人力资本、企业组织体系和商业模式等创新要素来重组现有的有形要素，从而利用新的知识和技术对生产要素改造升级，提高劳动力素质和管理水平[10][11]。陈勇星等以江苏省实施创新驱动战略为研究对象，提出创新驱动是以知识和技术创新为源动力的观点，知识和技术创新助推了江苏经济社会的可持续发展，最终实现自主创新能力提升和科技成果的社会化扩散[12]。总结学者关于创新驱动的观点，创新驱动是指在培育全社会创新思维的基础上，利用创新高度整合和集聚生产要素，尤其是创新要素的集聚，从而促进产业生产要素结构的改变，提高全社会创新能力和要素生产率的过程。

2. 创新驱动发展战略

习近平总书记在党的十九大报告中强调加快建设创新型国家，指出创新是引领发展的第一动力，是建设现代化经济体系的战略支撑。党的十九大报告进一步明确了创新在引领经济社会发展中的重要地位，标志着创新驱动作为一项基本国策，在新时代中国发展的行程上，将发挥越来越显著的战略支撑作用。

当前，学术界关于创新驱动发展战略的普遍认识是其具有两方面的内涵。

第一个方面的内涵是对于创新的界定。对于创新的界定直接限定了创新驱动发展战略的内容。从相关学者的研究可以知道，狭义的创新驱动只是指技术创新。在资源有限性的限制下，经济社会不可能通过无节制开发新资源来持续发展。因此有必要使用科学技术手段来更有效地利用现有资源或探索新的可持续利用的资源。广义的创新包括管理创新、制度创新、文化创新等通过科学技术创新促进发展以外的相关创新驱动要素的创新[13]。一般而言，任何能够带来经济效益从而促进不同于旧模式和旧经验的发展新尝试，都符合创新驱动的内涵。

第二个方面的内涵在于发展成果的界定。这一层次的内涵着重于定位创新驱动发展战略的结果，这是创新驱动发展的客观外在体现。发展成果是检验创新驱动的唯一标准，而实际收益则是发展成果最简单的、可客观量化的指标。实际收益通常反映在企业和其他经济运行单位的资本流动上，特别是高新技术企业对创新的应用与转化上[14]。

1.2.2 科研机构

科研机构是指有明确的研究方向和任务，有一定水平的学术带头人和一定数量、质量的研究人员，有开展研究工作的基本条件，长期有组织地从事研究与开发活动的机构[15]。科研机构作为一支战略性科技力量，主要解决具有基础性、战略性和前瞻性的科学研究问题，一般来说，科研机构的主要职能包括：满足国家需求、建立和运行开放的科研设施平台、注重人才培养、关注科学前沿，具体内容如表1-1所示。

表1-1 科研机构主要职能[16]

职能	具体内容
满足国家需求	科研机构科研力量雄厚，承担着国家的重要任务，另外科研机构通过资源配置的方式，广泛凝聚大量科技人才，共同服务于国家目标
建立和运行开放的科研设施平台	国家在相关的领域拥有先进的研究基础设施，即大型化科学装置。科研机构内部同时具备大量一流的科研人员、工程和技术人员。他们代表国家参加大型的国际科研项目，为全国的科研力量提供一个展现的舞台
注重人才培养	大多数科研机构内部通过招聘高学历人才，为年轻研究人员提供良好的成长环境和资源。另外部分科研机构为外部的年轻研究人员提供奖学金，或者与大学、企业或其他科研机构合作，共办研究生院或研究单元，聘请高级研究人员，为研究生或者年轻研究人员进行专业性指导
关注科学前沿	科研机构通过招聘优秀人才来研究当前科学领域最前沿的科学问题，高显示度的科学中心不断在建设。科学中心在为国家提供战略性服务的同时，还不断地对前沿科学问题进行探索，逐渐提高人类认知水平，增强人类对科学的理解

1. 行业布局

本著作所提及的科研机构的行业布局指的是科研机构在各个行业的分布情况。根据产业经济学的理论，科学技术、自然资源禀赋、需求结构、人口规模与结构、国际贸易等因素是一国产业结构演变过程中的重要影响因素。而科研机构是科学技术的主要贡献者，科研机构在不同行业的布局必然会带动该行业的经济增长，从而对产业结构的变迁产生间接或直接的影响。下面分析科学技术在影响产业结构变迁中主要体现的两个方面。

（1）科学技术革命催生新产业。技术革命、技术创新和技术扩散都影响着产业结构转型升级，尤其是科学技术革命，常常会使得一些新的工业部门诞生。按照通常大多数的分类，人类社会目前共经历了四次技术革命：第一次技术革命主要是由纺织业引发，基本上可以认定属于劳动密集型产业；第二次技术革命主要是汽车、化工、钢铁等产业集群发展起来了，并且这些集群带有资本密集性的特点；随后的第三次和第四次技术革命，则是产生了计算机产业、航空航天产业等一系列新兴产业，这些产业主要是知识密集或资本技术密集型产业。新技术革命不仅导致不同时期全球主导产业发生变化，还改变了全球产业结构及产业在产业结构中的地位，并促进劳动力结构优化调整[17]。

（2）技术创新促进产业发展。为了使科学技术成为促进经济增长的主力军，科学技术必须从知识形态转化为物质形态，从潜在生产力转变为实际生产力，这种转变是在技术创新的过程中实现的。技术创新促进产业发展的例子不胜枚举，以农业为例，现代农业与传统农业的科技含量是不可比拟的。现代农业科技形成了自己完整的科研体系，自然科学、社会科学、技术科学和经济科学等许多其他类别的科学也不断向农业科学渗透、融合，从而形成许多新的交叉融合点，扩大了农业生产领域，促进现代农业的持续发展[18]。再例如，这几十年计算机行业的发展，不管是从硬件技术还是从软件技术创新来说，都是日新月异、飞速发展的。

由以上分析可知，科学技术是促进经济增长的主要力量，也是产业结构变迁的动力。而如何更好地利用科学技术来促进行业经济增长与推动产业结构变迁，需要平衡好科学技术这一要素在各行业的分布状况。因此，研究科研机构在各行业的分布情况，优化科研结构的行业布局，是平衡科技力量在各行业分布的重要手段之一，对于促进行业经济增长甚至推动产业结构变迁都会带来一定的影响。

2. 区域布局

本著作所提及的科研机构区域布局指的是科研机构在一个区域内的不同城市、不同地域的分布情况。根据区域经济学的理论，区域经济协调发展是区域经济社会协调发展的前提和基础，其核心是充分发挥区域内各地区的优势，提高经济运行质量。而科研机构在区域中的布局，有利于带动区域经济的发展，促进区域经济协调发展。

（1）有利于形成创新集群。在区域内进行合理的科研机构布局有利于形成创新集群，推动企业与科研机构互利互惠发展。普遍情况下的企业和科研机构是一对一或者一对多、多对一的合作方式，企业通过与科研机构合作，获取自己需要的技术，科研机构通过提供技术获取自己发展所需要的资金。在集群内，科研机构对于企业来说，更具有专业化合作的特点，由于其所处位置的特殊性，在与企业的合作中更能表现出一种互惠共进的关系[19]。

在形成的创新集群中，科研机构通过三种形式在集群内发挥自己的作用：第一，科研机构具有专业化的特点，可以为产业集群提供技术和人才，促进一些企业的形成，从而促进集群形成和环境优化，同时为企业提供技术成果和专业化的人员培训指导；第二，科研机构与本地已有的企业合作，通过与企业的互动，促进"产研"的学习效应、形成互动合作的体系，在集群内部扩散已有的技术成果，为企业提供专业的技术人员培训支持，传播知识，互动学习，促进产业集群产出规模的提高，从而加快集群的演化进程；第三，在一些高新技术产业集群内，集群内的一些企业依靠科研机构的培育形成，促进集群的生长[20]。在这一方面，硅谷和中关村IT产业集群便是典型的例子。

（2）有利于均衡区域创新能力。在区域经济的发展过程中，受一系列因素的作用会产生区域分工。在研究区域之间为什么会产生分工的区域分工理论中，技术差距也被认为是重要的因素之一。事实上，由于区域之间的技术水平存在显著的差异，也为现代区域分工打下了技术的烙印。科研机构为区域带去的技术创新能在一定程度上带动区域经济发展，影响区域分工的形成。因此，根据区域内不同地区的产业特色与资源要素的不同来合理地进行科研机构区域布局，能够促进科研机构在研发领域上面的优势互补，构建区域内科研机构的有机合作体制。并且，科研机构的区域布局能够使科研机构在参与合作、成果转化、科研基础设施建设等方面达成区域一致性。通过科研机构的有机合作体制，能在区域层面促进"产学研深度融合"，并通过实际的、有内在需求的"产学研合作研究"为牵引，充分调动参与"产学研合作"的机构和研究人员的积极性。

同时，技术差距理论[21]还认为，如果一个地区进行了技术创新，而该项技术在此之前没有被其他地区使用，那么这个地区会保持一定的优势，可是随着技术外溢，周边地区也会逐渐接受和使用该技术。因此，不同地区的科研机构应不断更新技术，让新技术的产生与旧技术的扩散共同进行；区域之间的互补性技术创新相互影响，均衡区域的创新能力，带动区域经济联动发展。这便对科研机构的区域布局提出了更高的要求。

1.2.3 研究对象

依据不同的标准可将科研机构进行不同的分类，目前的分类方法中有两种方法最为常见。

一是按照科研机构性质和目的划分，可以划分为公益性（非营利性）科研机构和营利性科研机构。公益性科研机构存在和活动的基础是服务社会、服务大局，以及保证国家的需要，并提出改善政府服务效率和科学的决策，减少地方政府不适用于当前需要的直接或间接干预，从而更好地为社会服务。营利性科研机构指具有企业法人代表，面向市场，自负盈亏的科研机构。具体来说，根据张卫国等研究分析，公益类科研机构应包括五大类：一是带有公共基础性质的科学技术研究与服务中心；二是影响重大的全球性或地方性社会问题的研究和技术服务活动；三是利用现有资源和资质从事公共技术咨询服务和社会事务监测与评价等业务；四是在地方农业、林业、畜牧业、渔业及其他生态环境领域提供基础性、突发性科学研究与技术支持服务；五是接受政府委托或具有半官方性质的政策宣传与执行机构[22]。

二是按照科研机构创办者划分，可分为高校类科研机构、政府类科研机构、企业类科研机构，三者各有侧重[23]。下面对这三类科研机构进行简要的介绍。

1. 高校类科研机构

高校类科研机构指依托于高校建立，在高校中承担教学与研发工作的科研机构。高等院校尤其是研究型大学中的科研机构的基本职能是教育、培养科技专业人才，主要承担探索性的基础科研和应用开发项目研究。

2. 政府类科研机构

政府类科研机构是由国家（政府）建立并资助的各类科研机构，主要承担着与国家利益相关，涉及国计民生、国家安全的重大项目研究及突破性基础研究项目。政府类科研机构的发展建设主要由政府的行政管理、社会经济发展的需要决定，但也取决于科学技术自身发展的需要。政府类科研机构的界定主要由以下三个要素决定：①由国家（中央政府）资助；②由国家（中央政府）建立或中央与地方联合建立；③服务于国家安全、国家战略、国家利益[24]。

3. 企业类科研机构

企业类科研机构是企业为达到技术创新的目的而设立的研发机构，目的是创造更多的企业核心技术，在市场经营中形成竞争优势。企业本质是为了盈利，这就意味着企业需要不断根据市场需求进行新产品研发及相关技术研发，企业类科研机构就是企业专门设立开展这类工作的机构。企业科研机构也是作为国家科学研究的重要阵地之一，承担着为建设创新型国家作出显著贡献的任务。

除了上述传统的科研机构的分类方法，在创新驱动发展战略的背景下，与传统的科研机构有着千丝万缕的联系但又不同于传统科研机构的新型研发机构应运而生。新型研发机构是为解决传统国立科研机构在发展过程中产生的弊端，同时也为了适应市场需求的变化而提出的一类科研机构。

新型研发机构是指以多主体的方式投资、多样化的模式组建、企业化的机制运作，以市场需求为导向，主要从事研发及其相关活动，投管分离、独立核算、自负盈亏的新型法人组织[25]。有部分学者认为，新型研发机构主要以科技前沿为追求目标，具有多元化投资主体参与、市场主导、以创新为动力的特点，这是一种新型研发模式，科学技术成果和产业发展相互协调、互相促进，科学发现促进了技术发明，而技术发明产生技术变革，推动产业发展，反过来产业发展为科学发现提供人力、资金等支持[26]。一些学者还认为，新型研发机构已经实现了政府-产业-高校-科研机构-应用、技术创新和科技成果转化以及科学技术和经济的紧密结合[27]。夏太寿等人认为新型研发机构的特征可以概括为以市场为导向，政府、产业、高校、科研机构之间高度协作，体制机制灵活创新，以及治理模式去行政化等[28]。

目前，学术界对"新型研发机构"这个概念也还没有达成统一的认识。总结前人学者的研究经验，本著作研究的新型研发机构以广东省人民政府对新型研发机构的界定为准，是指投资主体多元化、建设模式国际化、运行机制市场化、管理制度现代化，创新创业与孵化育成相结合，产学研紧密结合的独立法人组织[29]。

在本著作的研究内容中，为保证统计数据收集的便利性、全面性和有效性，选取具有独立法人资格的传统科研机构中具有代表性的省属科研机构作为研究对象。而新型研发机构作为近年来新出现的一种科研机构组织形式，从诞生之后，遵循市场规律，深化产学研合作，创新体制机制，加速人才集聚，构建高水平创新平台，取得了一批重大原创性技术成果并实现产业化，为破解科技与经济"两张皮"开辟了新路，为实施创新驱动发展战略、加快产业转型升级作出了积极贡献，因此，本书的研究对象也将新型研发机构纳入。高校类科研机构和企业类科研机构本著作暂不做研究。

1.3 研究内容与方法

1.3.1 研究内容

本书重点研究分析广东省省属科研机构、新型研发机构等不同类型科研机构在不同行业、区域的发展现状与优劣情况，结合实施创新驱动发展战略背景，构建科研机构行业布局与产业发展匹配度测量模型以及科研机构区域布局的协调度测量模型，提出优化广东省科研机构行业与区域布局的思路及相关对策建议，为广东省科研机构提质增效、加快科技创新资源整合提供重要决策参考；为学者后续研究科研机构的行业布局与区域布局协调度模型提供参考。主要研究内容如下：

（1）分析国内外科研机构行业布局与区域布局的做法和经验，结合广东省科研机构发展现状，寻求可借鉴的经验。

（2）对广东省科研机构的区域布局进行研究。分析广东省科研机构区域布局的现状与问题，提出科研机构区域布局的协调度测量模型。

（3）对广东省科研机构的行业布局进行研究。分析广东省科研机构行业布局的现状与问题，提出科研机构布局与产业发展的匹配度测量模型。

（4）根据现状研究、经验借鉴分析与理论测量模型的评价，提出优化广东科研机构行业与区域布局的政策建议。

1.3.2 研究方法与技术路线

1. 研究方法

在本书的研究中，采用的主要有如下几种方法：

（1）文献分析法。通过检索国内外的权威文献，研究国内外现有的科研机构布局方面的研究文献，分析总结先进做法与经验，结合实施创新驱动发展战略背景，提出优化广东省科研机构行业与区域布局的启示。

（2）头脑风暴法。通过组织有关科研机构、政府决策咨询部门、项目组成员等参加脑风暴畅谈会，往往能获得大量与研究选题有关的设想，更有效率地分析和解决问题。全省科研机构行业与区域布局优化方案的制定，也需要多方面、多角度的考虑和探讨，头脑风暴法是非常适合本研究的一种方法。

（3）比较研究法。充分比较分析国外、我国以及其他省份科研机构布局的先进做法，尤其是针对省属科研机构、新型研发机构等公有制和非公有制科研机构，探索提出适合广东的科研机构布局优化方案或做法。

（4）实地考察法。为充分了解广东目前科研机构在不同行业、区域的发展现状与优劣势，经济、社会发展的基本现状和实际需求，有必要深入到省科学院、省农科院、省工研院、省科技服务业研究院等四大主体科研机构，省内重点省属科研机构、典型新型研发机构及部分地市科研机构进行实地调研；同时，选取江苏、上海等省市进行实地调研，学习与交流先进经验做法。

（5）专家咨询法。该项工作属于广东重大科技体制改革的重要内容，政策内容将具有较强的创新性、改革性，需要征求大量相关领域专家的意见建议，为形成高质量的广东省科研机构行业与区域布局优化方案研究成果提供可靠保障。

2. 技术路线

本著作对科研机构的行业与区域布局研究从理论分析到模型论证，结合国内外经验与广东省现状深入研究广东省科研机构的行业与区域布局，最后提出优化布局的政策建议，主要研究内容与研究路线如图1-1所示。

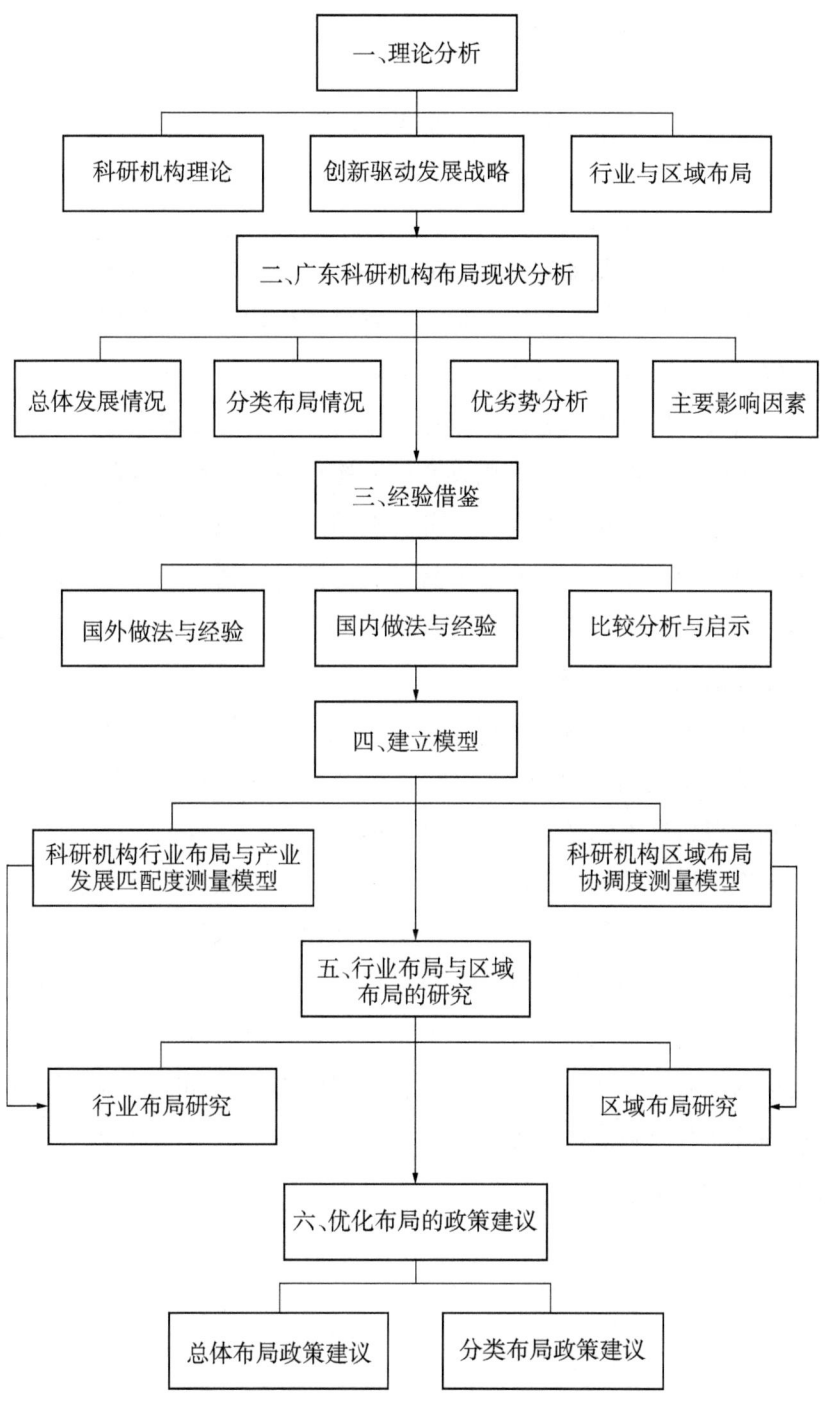

图1-1 本著作研究内容与研究路线图

1.4 主要创新点

本著作是在创新驱动发展战略的背景下,研究广东省科研机构的行业与区域分布现状与问题,并对优化广东省科研机构的行业与区域布局提出相应的建议。在整个研究过程中,主要有以下几个创新点:

一是强调解决突出问题。以问题为导向,利用前期研究基础和所掌握的大量一手研究资料,结合国内外科研机构行业与区域布局的先进做法和成功经验,通过实地调研与研究,分类总结广东省属科研机构、新型科研机构等科研机构行业与区域布局的优势、劣势,厘清存在的主要问题,剖析影响广东科研机构行业与区域布局的主要因素,进行针对性研究,探求解决的合理措施和有效路径。

二是强调形成紧扣实际的研究成果。重视理论与应用决策研究相结合,紧密结合广东省省情和实际需求,明确科研机构优化布局的产业重点、区域重点、试点示范、保障措施等内容。

三是提出科研机构行业布局与区域布局匹配度测量模型。基于在创新驱动发展战略背景下科研机构的区域分布如何与区域创新能力相匹配,更好地发挥科研机构在构建区域创新体系中的重要作用,本书提出科研机构的区域分布匹配度模型,用于测量目前广东省科研机构区域分布耦合协调度,也可为以后的科研机构区域布局优化提供参考。同时,考虑科研机构在行业的分布与行业发展水平的匹配度,提出科研机构的行业布局与行业发展水平的耦合度模型。

参考文献

[1] 白春礼. 加强基础研究 强化原始创新、集成创新和引进消化吸收再创新 [N]. 光明日报, 2015-11-12 (3).

[2] 王卫红. 广东省科研体制改革的现状与对策探讨 [J]. 广东科技, 2012 (19): 1-2, 8.

[3] 熊彼特. 经济发展理论 [M]. 叶华, 译. 北京: 九州出版社, 2007.

[4] 郑秀梅. "双创"动力作用评价理论模型构建与实证研究 [D]. 北京: 中国科学院大学, 2018.

[5] 波特. 国家竞争优势 [M]. 李明轩, 邱如美, 译. 北京: 华夏出版社, 2002.

[6] POTTER M E. The competitive advantage of nations [M]. New York: Free Press, 1998.

[7] 王海燕, 郑秀梅. 创新驱动发展的理论基础、内涵与评价 [J]. 中国软科学, 2017 (1): 41-49.

[8] 夏天. 创新驱动过程的阶段特征及其对创新型城市建设的启示 [J]. 科学学与科学技术管理, 2010 (2): 124-129.

[9] 张银银, 邓玲. 创新驱动传统产业向战略性新兴产业转型升级: 机理与路径 [J]. 经济体制改革, 2013 (5): 97-101.

[10] 洪银兴. 关于创新驱动和创新型经济的几个重要概念 [J]. 群众, 2011 (8): 5-7.

[11] 洪银兴. 论创新驱动经济发展战略 [J]. 经济学家, 2013, 1 (1): 5-11.

[12] 陈勇星, 屠文娟, 季萍, 等. 江苏省实施创新驱动战略的路径选择 [J]. 科技管理研究, 2013, 33 (4): 103-107.

[13] 王玉民, 刘海波, 靳宗振, 等. 创新驱动发展战略的实施策略研究 [J]. 中国软科学, 2016 (4): 1-12.

[14] 林颖华. 创新驱动发展战略下福建省高新技术企业 R&D 支出会计政策选择的影响研究 [J]. 武汉商学院学报, 2018 (6): 25-19.

[15] 陈健, 何国祥. 中国科研环境调查报告 [J]. 科学观察, 2006 (2): 1-7.

[16] 王苏楠. 管理审计视角下科研机构管理问题及对策研究——以 DX 研究

所为例［D］. 保定：河北大学，2015.

［17］李雪. 论产业结构演进与我国产业国际竞争力的提升——中南财经政法大学现代产业经济研究中心主任、博士生导师胡立君教授访谈录［J］. 经济师，2011（9）：6-8.

［18］杨凤，徐飞. 产业经济学［M］. 北京：清华大学出版社，2017：136-137.

［19］秦彩云. 产业集群内企业和科研机构互惠关系研究［D］. 哈尔滨：哈尔滨工业大学，2016.

［20］葛春雷，万劲波. 德国科研机构助力区域创新合作［N］. 光明日报，2018-07-11（14）.

［21］POSNER M V. International trade and technical change［J］. Oxford Economic Papers，1961，13（3）：323-341.

［22］张卫国，柴育，曹万立. 公益类科研院所科技创新能力评价实证研究［J］. 重庆大学学报：社会科学版，2012：72-82.

［23］陈庆云. 云南省转制科研机构改革与发展探索［M］. 北京：经济科学出版社，2013.

［24］骆严. 我国国立科研机构的创新政策及其与创新模式的协同研究［D］. 武汉：华中科技大学，2015.

［25］左朝胜. 应运而生 趁势而起［N］. 科技日报，2014-09-26（11）.

［26］丁明磊，陈宝明. 美国联邦财政支持新型研发机构的创新举措及启示［J］. 科学管理研究，2015（2）：109-112.

［27］陈宝明，刘光武，丁明磊. 我国新型研发组织发展现状与政策建议［J］. 中国科技论坛，2013（3）：27-31.

［28］夏太寿，张玉赋，高冉晖，等. 我国新型研发机构协同创新模式与机制研究——以苏粤陕6家新型研发机构为例［J］. 科技进步与对策，2014（14）：13-18.

［29］广东省科学技术厅，广东省经济和信息化委员会，广东省教育厅，等. 广东省科学技术厅等十部门关于支持新型研发机构发展的试行办法：粤科产学研字〔2015〕69号［A/OL］.（2015-05-21）. http://www.gd.gov.cn/govpub/bmguifan/201506/t20150624_214845.htm.

第 2 章

广东科研机构发展现状分析

2.1 广东科研机构发展历程

2.1.1 省属科研机构发展历程

自改革开放以来,经济体制改革不断深化,体制机制问题愈发制约科研机构创新发展。为此,广东采用了分阶段的探索方式,层层推进省属科研机构体制改革。从体制改革创新角度来看,省属科研机构的发展可以分为三个阶段。

1. 起步阶段:1985—1999年

在科技体制改革方面,在全国范围内广东率先以省属科研机构改革为重点,全面推行科研机构体制改革,主要从运行机制、组织结构、人事制度三个方面进行有步骤的改革。

(1) 运行机制方面的改革。在对科研机构的拨款制度方面,按照不同类型科学技术活动的特点,实行经费的分类管理。对技术开发工作和近期可望取得实用价值的应用研究工作,逐步推行技术合同制,逐步减少由国家拨给的事业费,做到事业费自给。对基础研究和部分应用研究工作,逐步试行科学基金制,基金来源主要靠国家预算拨款。对从事医药卫生、劳动保护等社会公益事业的研究机构,以及从事情报、标准、计量、观测等科学技术服务和技术基础工作的机构,仍由国家拨给经费,实行经费包干制。

(2) 组织结构方面的改革。在省属科研机构的组织结构方面,鼓励科研机构与生产单位的联合,强化企业的技术吸收和开发能力。鼓励从事技术开发的研究机构根据自愿互利的原则,同企业建立各种形式的联合,有的可以逐步发展成为经济实体;有的可以在联合的基础上进行合作,企业并入研究机构,或者研究机构并入企业。有些研究机构也可以自行发展成为科研生产型的企业,或者成为中小企业联合的技术开发机构。

(3) 人事制度方面的改革。在科研机构的人事制度方面,改革科学技术人员管理制度，形成人才辈出、人尽其才的良好环境。研究所实行所长负责制，在研究机构内部充分尊重和发挥科学技术人员的作用，建立和实行各种责任制，加强民主管理。放手把大批专业造诣较深又富有朝气的中青年充实到学术、技术工作的关键岗位上来，充分发挥中年科学技术人员承前启后的骨干作用。

这一阶段主要是实行宽松的政策，广东省作为改革的重要试点，将省属科研机构从运行机制、组织结构、人事制度三个方面进行改革，目的在于通过引入竞争机制来搞活科研机构建设和发展，对外合作实行有偿合同制度，对内管理实施所长责任制，对财政拨款制度进行改革，鼓励和促进省属科研机构开展产学研合作，引导和促进科研人员积极参与经济建设，为企业提供科研技术研发等服务，设立科技企业等重要举措。同时，政府在人社、财政税收、金融信贷等方面营造宽松的外部科研环境，许多省属科研机构抓住机遇，与生产企业联盟，设立了科技企业等经济实体，创造了相对稳定的经济来源[1]。

2. 推进阶段：1999—2007年

1999年8月，党中央召开了全国技术创新大会，对科学技术创新显示出高度重视。在会上，党中央发布了《中共中央 国务院关于加强技术创新，发展高科技，实现产业化的决定》，对深化科技体制改革，加快科技产业化发展做出了战略动员和部署。广东深入贯彻落实中央关于科技体制改革的重要精神，继续深化省属科研机构改革，出台了《广东省深化科技体制改革实施方案》。

一是对省属科研机构重新分类和定位，确定省属科研机构的发展方向和目标。这次深化改革将69个省属科研机构重新划分为技术开发类、咨询服务类和体现广东优势和特色的公益类等三种类型。二是对不同定位的科研机构采取有针对性的改革措施。技术开发类科研机构逐步由事业法人转为企业法人，咨询服务类科研机构要面向全社会组成提供测试分析、中介咨询、技术开发等科技服务的网络，向科技中介服务型机构转变。体现广东优势和特色的公益类科研机构要实施新的管理体制，包括逐步实行课题制、试行所长责任制等。三是调整科技财政拨款方式。例如，科研机构的经常性事业费将根据重新划定的不同类型分别按不同比例逐年减拨。技术开发类科研机构的经常性事业费逐步取消，咨询服务类科研机构的经常性事业费逐步保留用于支持公益性技术咨询服务的30%事业费，而体现广东优势和特色的公益类科研机构经常性事业费予以保留，有条件时要予以增加，但要重点用于科研任务。四是制定社会保障、科技成果转化激励等一系列改革的配套政策措施。建立健全社会统筹与个人账户相结合的养老保险、医疗保险、生育和工伤保险制度，转制为企业的科研机构执行企业职工养老保险制度。完善分配制度和奖励政策，激励科研人员开展科技成果转移转化，科技人员可按科技成果转化收益的一定比例参与收益分配[2]。

3. 完善阶段：2008年至今

通过1999年的改革，广东省属科研机构成功建立起企业化运行、社会化服务的科技体制，有力推动了产业结构优化升级。但是一些深层次的矛盾和问题也不断暴露出来，科研机构规模小、实力弱，科研骨干人员流失严重，科研能力大大削弱。为此，广东省政府决定整合资源，重组科研机构，促进产学研合作，深化国际合作，大力发展民办科研机构，旨在搞活科研机构的创新活力。

（1）整合资源，优化结构，组建主体科研机构。为满足广东省经济社会发展和现代产业体系建设的战略需求，推动科研机构分类整合和公益科研业务重组，2009年广东省编办、科技厅颁发了《关于深化科研体制改革的意见》（粤府办〔2009〕106号，以下简称《意见》），提出分类定位，明确职能，按照国家和省事业单位分类改革精神，将现有科研事业单位划分为公益一类、公益二类和公益三类三个类别，采取不同的改革方向和措施。对部分研究开发领域相同相近或优势互补的科研机构，打破部门和地区界限，进行归并联合或战略重组，组建四大主体科研机构。以实力较强的工业研究院所为基础组建广东省工业技术研究院，为广东省发展先进制造业提供技术支撑。以农业领域的龙头研究院所为基础组建广东省农业科学院，为广东省发展现代农业，促进社会主义新农村建设提供科技支持。整合社会民生领域研究院所，组建广东省科学院，为广东省发展社会事业，建设和谐广东提供科技支持。整合具有较强综合实力和创新能力的科技服务类科研院所，组建广东省科技服务业研究院。

(2) 鼓励和引导科研机构的产学研合作。为促进广东科研成果转化，广东省人民政府、科学技术部、教育部在2008年共同颁发的《广东自主创新规划纲要》（粤府〔2008〕74号）中提出，"加快建设省部产学研创新联盟。在广东选择若干行业与全国高校、科研机构联合组建产学研创新联盟，围绕产业技术创新链，突破关键技术和共性技术，提升行业技术水平和竞争力，推动产学研合作由'点对点'合作、松散合作、单项合作向系统合作、紧密合作、长期合作转变，进一步探索更高效的省部产学研创新联盟的组织模式和运行方式。"在2009年的《意见》中也提到，"要鼓励和引导高等学校、科研机构通过产学研合作等形式与企业合作建立科技创新基地与平台，实现科技资源优势互补。"

(3) 深化国际合作。为提高广东省科研机构的综合竞争力，以世界创新型国家和地区为标杆，在《广东省建设创新型广东行动纲要》（粤府〔2008〕72号）中提到，"广东省科研机构要深化国际科技合作。加快建设国际科技合作基地，拓宽与重点国家和地区科技合作的领域，提高合作层次和水平。鼓励跨国公司在粤设立研究开发机构。探索国际合作科技创新平台建设的新模式。鼓励广东高等院校、科研院所和企业与国外科研机构或企业开展多形式的创新合作。"

(4) 大力发展民办科研机构。为促进广东省科研机构的创新活力，优化竞争机制，在《广东省建设创新型广东行动纲要》中提出，"要鼓励科技人员、留学回国人员创办科研机构，引导民办科研机构与国内外高校、科研院所和企业集团等进行产学研合作，促进科技创新能力和技术服务水平的提高。"同时，在2009年的《意见》中也提到，"要发展企业研发机构和民办科研机构，鼓励和引导高等学校、科研机构通过产学研合作等形式与企业合作建立科技创新基地与平台，实现科技资源优势互补。进一步加强市级以上企业工程技术研究开发中心和技术中心的创新能力建设，支持大中型高新技术企业建立企业研究院，投资建立专业型的研究开发公司，积极稳妥地发展多种形式的民办科研机构。"

2.1.2 新型研发机构发展历程

广东新型研发机构发展历程较短，可大致分为1999年前、1999—2004

年、2005—2009 年、2010—2014 年、2015 年至今等五个阶段。

（1）1999 年前，新型研发机构还处于萌芽阶段，广东最早成立的新型研发机构——深圳清华大学研究院，正是在这一时期由深圳市政府与清华大学共建而成，双方各占 50% 的股份，实施院长责任制。

（2）1999—2004 年期间，广东新型研发机构主要在深圳成长、发展，深圳市政府为弥补深圳缺乏高校科研院所的短板，与内地和香港多所高校联合共建了研究机构，例如武汉大学深圳研究院、香港城市大学深圳研究院和香港理工大学深圳研究院等。

（3）2005—2009 年期间，广东新型研发机构呈现星火燎原的发展之势，广东各地政府在看到深圳新型研发机构的成功建设经验后，抓住教育部、科技部和广东省政府启动省部产学研结合试点工作的机遇，与国内一流科研机构和重点高校联合共建了一批新型研发机构，尤其是佛山、东莞，吸引了很多高校科研院所到当地建设，东莞华中科技大学制造工程研究院、东莞电子科技大学电子信息工程研究院（现"电子科技大学广东电子信息工程研究院"）和佛山中国科学院产业技术研究院都是在这一时期建设成的。

（4）2010—2014 年期间，广东新型研发机构发展呈现百花齐放的特点，除高校科研院所外，更多民营企业、社会组织参与组建新型研发机构，组建模式呈现多样化。部分民营资本以民办非企业方式注册新型研发机构，也有一些行业的龙头企业根据企业原有的研发部门注册成为独立的机构，从而成为新型研发机构。除国内其他地区的重点高校外，广东本省省属高校也开始与各地政府开展政产学研合作，例如广东工业大学与佛山市共建的佛山市南海区广工数控装备协同创新研究院、广东工业大学与河源市共建的河源广工大协同创新研究院。

（5）2015 年至今，广东政府开始关注到新型研发机构发展的巨大潜力。在此期间，广东省科技厅对新型研发机构进行了明确定义，开展大量调研后，出台了一系列政策激励高校科研院所、企业、地方政府建设新型研发机构。受政策引导和激励，一些企业开始将原来的研发部门独立注册为新型研发机构独立运营，更多高校探索新型研发机构建设，具有传统人文社科基础优势的高校也被吸引[3]。

2.1.3 省实验室启动建设

为深入贯彻落实党的十九大精神和习近平总书记对广东工作的重要指示批示要求,广东对标国家实验室,于2017年12月22日正式启动建设广东省实验室。广东省实验室有别于广东省重点实验室,是广东省委、省政府瞄准新一轮创新驱动发展需要,对标国内外最好最高最优,以培育创建国家实验室、打造国家实验室"预备队"为目标的高水平科学研究基地。截至目前已启动建设三批共10家省实验室,具体名单如表2-1所示。

表2-1 广东省实验室清单

建设批次	第一批省实验室	第二批省实验室	第三批省实验室
启动时间	2017年12月22日	2018年11月14日	2019年8月29日
实验室名单	广州再生医学与健康广东省实验室	化学与精细化工广东省实验室	岭南现代农业科学与技术广东省实验室
	深圳网络空间科学与技术广东省实验室(鹏城实验室)	南方海洋科学与工程广东省实验室	先进能源科学与技术广东省实验室
	佛山先进制造科学与技术广东省实验室(季华实验室)	生命信息与生物医药广东省实验室	人工智能与数字经济广东省实验室(广州)、(深圳)
	东莞材料科学与技术广东省实验室(松山湖材料实验室)		

首批省实验室由广东省委、省政府主导,广州、深圳、佛山、东莞市政府组织。其中,广州再生医学与健康广东省实验室主要依托中国科学院广州生物医药与健康研究院和粤港澳地区的相关优势科研力量建设;深圳网络空间科学与技术广东省实验室以哈尔滨工业大学(深圳)为主要依托单位,协同清华大学、北京大学、深圳大学、南方科技大学等单位共建;佛山先进制造科学与技术广东省实验室集聚清华大学、复旦大学、广东工业大学相关优势科研力量,联合中科院长春光机所、中科院微电子所等科研院所共同组建;东莞材料科学与技术广东省实验室主要由中科院物理

所、东莞中子科学中心等单位共建。

第二批省实验室中，化学与精细化工广东省实验室采用"主体＋分中心"模式，由汕头市承建主体实验室，潮州、揭阳市设立分中心；南方海洋科学与工程广东省实验室采用广州、珠海、湛江市同步建设推进，重点从海洋科学、海洋技术、海洋工程和海洋经济等方向进行建设布局；生命信息与生物医药广东省实验室由深圳市承建，以北京大学深圳研究生院和深圳健康科学研究院为主要依托单位，协同深圳大学、南方科技大学、香港中文大学（深圳）、清华大学深圳研究生院、哈尔滨工业大学（深圳）、深圳先进技术研究院、华大生命科学研究院、深圳数字生命研究院以及相关领域具有研究基础和应用优势的单位合作共建。

第三批省实验室中，岭南现代农业科学与技术广东省实验室采用"核心＋网络"的模式组建，由广州市承建核心实验室，在深圳、茂名、肇庆、云浮市设立分中心；先进能源科学与技术广东省实验室采用"核心＋网络"的模式组建，由惠州市承建核心实验室，在阳江、佛山、云浮、汕尾市设立分中心；人工智能与数字经济广东省实验室结合优势产业及创新资源分布，按"两点布局"模式由广州、深圳市联合共建。

2.2 广东科研机构发展现状

2.2.1 省属科研机构发展现状

广东一直以来都非常重视省属科研机构的建设与发展，从2000年实施机构改革以来，广东省属科研机构建成了工业、农业、科技服务业和社会发展四大领域科研体系。经过多年的改革和发展，广东省属科研机构建设取得了不错的进展。

1. 科研机构数量庞大，涉及领域广泛

当前，广东省属科研机构已形成以广东省科学院、广东省农业科学院、广东省科技服务业研究院三大主体科研机构为中心，多个科研机构争鸣的形势。广东省属科研机构的数量在《广东省深化科技体制改革实施方案》（粤府〔1999〕51号）中提到的共有69个，经过近20年的发展，广东省属科研机构已经发生了重大的变化，51号文件中的许多省属科研机构或已转为企业，或已合并至其他科研机构，同时，也成立了一些新的科研机构。根据《广东科技年鉴（2017）》，截至2016年底，广东省共有66所省属科研机构。

广东省属科研机构涉及领域广泛，涵盖工业、农业、科技服务业等多个领域。从广东省属科研机构行业研究领域分类来看，工业领域技术研发的机构较多，有28个，占省属科研机构的42.42%；其次为农业领域技术研发、社会发展领域咨询服务、科技咨询服务，分别有16、12、10个，占比分别达24.24%、18.18%、15.15%。①

2. 科研人员结构改善，注重研发经费投入

科研基础是科研机构进行创新活动的重要基础和前提，广东省属科研机构的人员结构具有"高学历、高职称"的特点，据相关统计，截至2016年底，广东省属科研机构职工总共有9610人，其中具备硕士研究生及以上学历的有3071人，占职工总人数的31.96%；具备高级职称的有2153人，占职工总人数的22.4%。同时，广东省属科研机构从事研发的人员占比较高，绝大部分的人员都是从事技术研发、咨询与管理的专业性技术人才，研发人员达7151人，占职工人数的比重达74.41%。广东省属科研机构注重研发经费的投入，年研发经费投入总额以及人均研发经费非常充裕，截至2016年底，省属科研机构研发经费投入总额达到140 072.35万元，人均研发经费达19.59万元。

3. 科研产出多，科研能力明显提高

近年来，广东省属科研机构的科研产出硕果累累，各类型专利授权数皆有上升趋势，如表2-2所示。2014—2016年，发明专利授权数分别为166、168、195件，实用新型专利授权数分别为78、104、104件，外观设计专利授权数分别为6、19、34件，软件著作数分别为41、71、47件。广

---

① 存在部分省属科研机构是混合编制，因此数据与总数有一定误差。

东省属科研机构每年的论文产出总量大,如表2-3所示。2014—2016年,广东省属科研机构发表论文总数分别为2389篇、2359篇、2434篇;发表SCI/ISTP/EI论文总数分别为477篇、491篇、488篇,占论文总数的比例分别为19.97%、20.81%、20.05%。

广东省属科研机构承担的各级课题多数呈增长趋势。在省部级课题数量上,广东省属科研机构2014年承担总数为576项;2015年为1071项,较上年增加85.94%;2016年为679项,较上年减少36.6%。在市局级及以下课题数量上,广东省属科研机构2014年承担总数为114项;2015年为171项,较上年增加50%;2016年为176项,较上年增加2.92%。广东省属科研机构每年课题经费总额与课题项目数成正相关关系,2014年广东省属科研机构政府课题经费总额为66 381.94万元;2015年为115 634.1万元,较上年增长74.2%;2016年为88 947.96万元,较上年减少23.08%。

表2-2 2014—2016年各类型专利授权数和软件著作数　　　单位:件

年份	发明专利数	实用新型专利授权数	外观设计专利授权数	软件著作数
2014	166	78	6	41
2015	168	104	19	71
2016	195	104	34	47
人均	0.02	0.01	0.002	0.006

表2-3 广东省属科研机构2014—2016年论文发表情况

年份	论文总数/篇	SCI/ISTP/EI论文总数/篇	SCI/ISTP/EI论文占比/%
2014	2389	477	19.97
2015	2359	491	20.81
2016	2434	488	20.05

数据来源:广东省科技业务管理阳光政务平台对各科研机构的统计。

2.2.2 新型科研机构发展现状

2014年以来,广东新型研发机构进入了一个快速发展的时期。经过近些年陆续出台的政策引导和激励,广东各地加大了对新型研发机构的引导建设和扶持力度,更多高校、科研院所和企业加入到创办新型研发机构的浪潮，使数量和质量都有了一定提升，创新绩效显著。

1. 机构数量有了较大提升，分布合理化

截至2017年底，广东省省级认定的新型研发机构共219家，其中珠三角地区占据大部分，共有191家，占比达87.2%。目前已形成以广州、深圳为龙头，其他地市联合跟进的发展格局，有力地支撑了珠三角地区的经济社会发展。此外，与2015年相比，经过政策引导和激励后，粤东、西、北地区的新型研发机构数量也有了显著提升，达到28家，占比由2015年的8.9%提升到2017年的12.8%。

2. 多主体协同创新格局基本形成，产学研创新机制日趋完善

从新型研发机构的建设类型看，院校与政府共建型73家，院校与企业共建型13家，境内外合作共建型6家，政府与企业共建型6家，加上其他以企业共同建设或政府引导行业协会与高校等多主体共建的新型研发机构，有效地集聚了多方的创新资源，形成了产学研协同创新效应。

3. 研发投入稳步增长，创新活力逐渐提升

2015—2017年广东省新型研发机构经费投入情况如图2-1所示，平均每家新型研发机构经费投入情况如图2-2所示。其中，2017年全省新型研发机构研发总投入达147.3亿元，比2015年增加了88.6亿元，增长了近1.5倍。平均每家机构研发经费投入达0.7亿元。持续的研发投入有效激发了创新活力和提升了创新活动频率，成为创新能力稳步提升的保障。

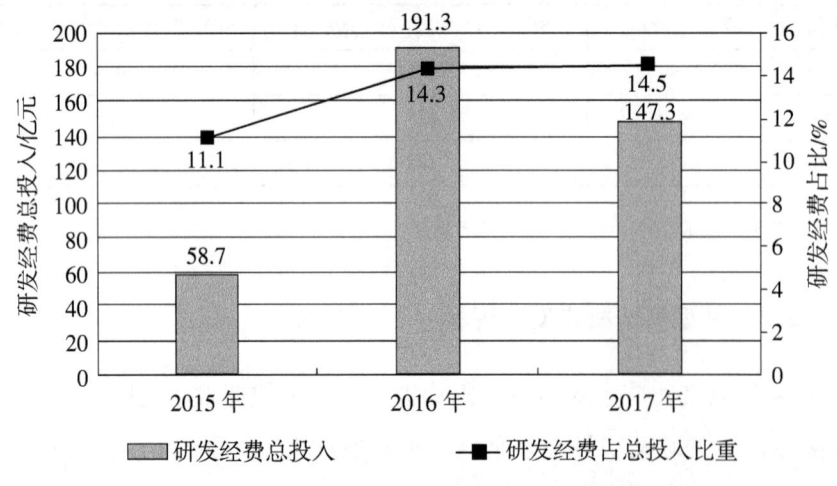

图2-1 2015—2017年广东省新型研发机构经费投入情况

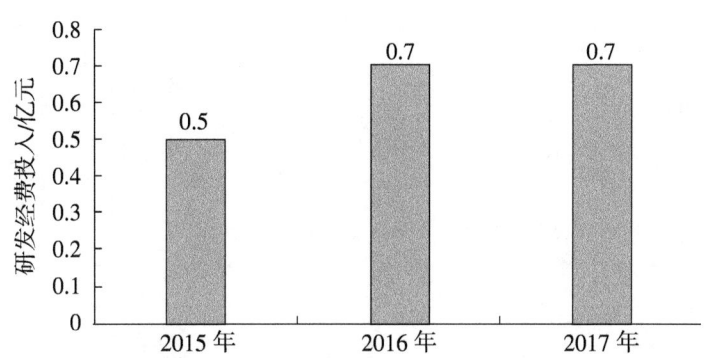

图2-2 2015—2017年广东省平均每家新型研发机构经费投入情况

4. 研发能力大幅提升，创新绩效显著增加

从科研产出上看（图2-3至图2-5），2015—2017年，全省新型研发机构有效发明专利拥有量从4895件增长到8454件，年均增长率约为36%；发表论文数从4282篇增长到6994篇，年均增长率约为31.6%；牵头或制定标准数从205个增长至334个，年均增长率约为31.5%。科研产出绩效稳步增加，原始创新能力初步形成。

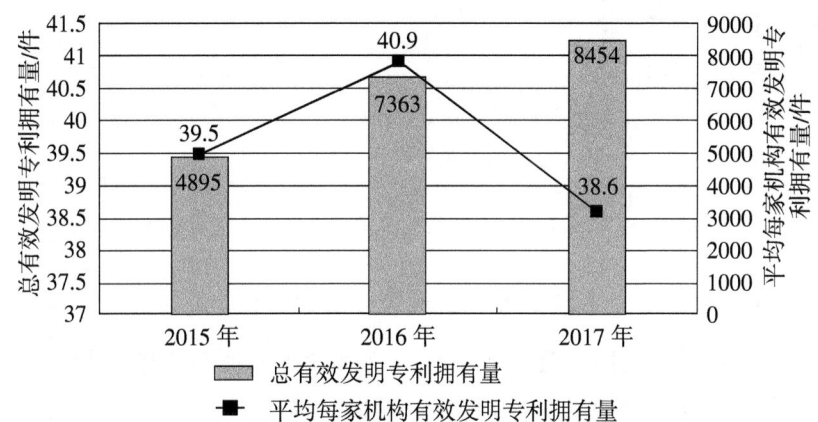

图2-3 2015—2017年广东省新型研发机构有效发明专利拥有量情况

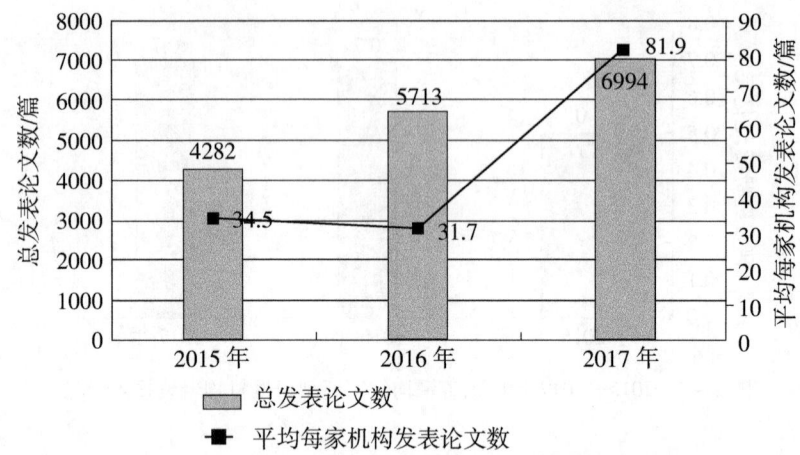

图 2-4 2015—2017 年广东省新型研发机构发表论文情况

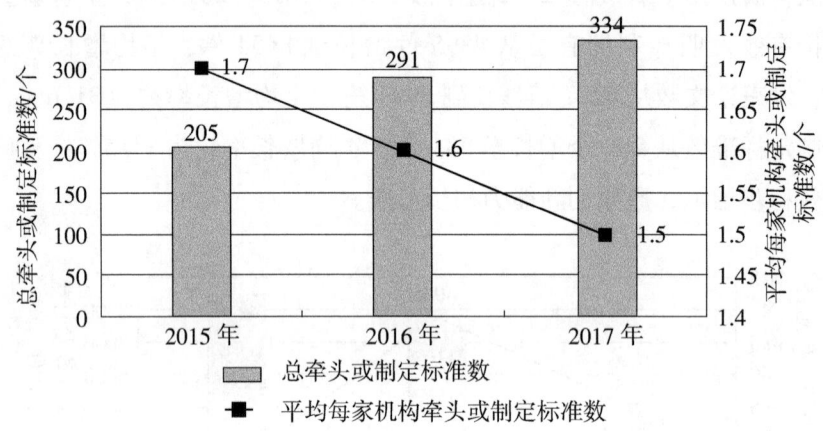

图 2-5 2015—2017 年广东省新型研发机构牵头或制定标准数情况

5. 科研基础条件不断完善，创新能力显著增强

广东新型研发机构办公面积、科研仪器设备原值等不断增长，科研基础条件不断完善。据统计，2017 年广东新型研发机构办公场地面积达到 227.2 万平方米，平均每家机构办公场地面积 1.04 万平方米，科研仪器设备原值达 108.6 亿元，平均每家机构 0.5 亿元（图 2-6、图 2-7）。科研基础条件的持续完善，为研究开发提供了有力保障，创新能力得到较快提升。

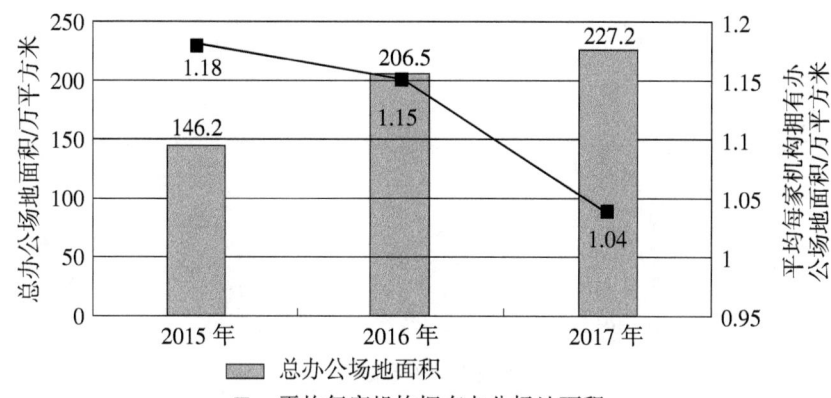

图 2-6　2015—2017 年广东省新型研发机构办公面积情况

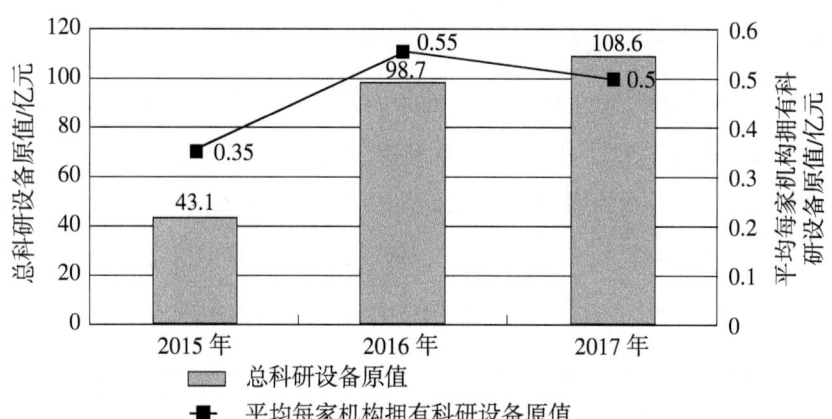

图 2-7　2015—2017 年广东省新型研发机构科研设备原值情况

2017 年，新型研发机构拥有国家级、省级创新平台 660 个，平均每家拥有 3 个，2015—2017 年创新平台总数稳步增长，年均增长率约为 35.4%（图 2-8）。

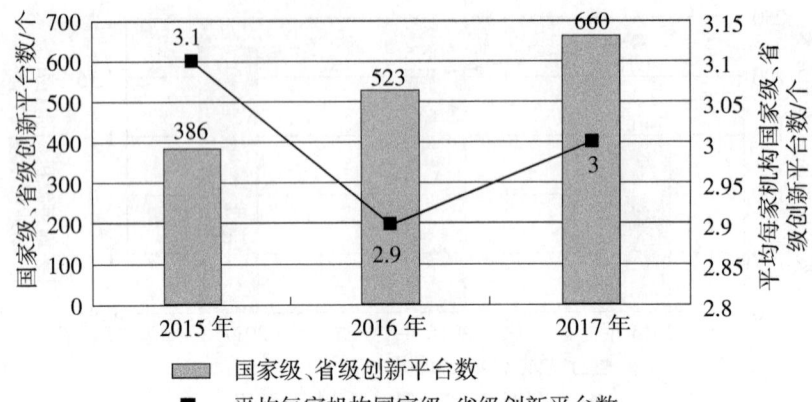

图 2-8 2015—2017 年广东省新型研发机构国家级、省级创新平台数情况

6. 创新资源加速集聚，高端人才数量稳步增长

2015—2017 年广东省新型研发机构研发人员及高端人才情况如图 2-9、图 2-10 所示。2017 年，全省新型研发机构研发人员达 3 万多人，三年年均增长 27.9%，平均每家机构研发人员达 140 人。高端人才（院士、千人计划、长江学者、国家杰青等）740 人，近三年年均增长 46%，平均每家机构拥有 3.4 位高端人才，大大增强了机构的创新能力。

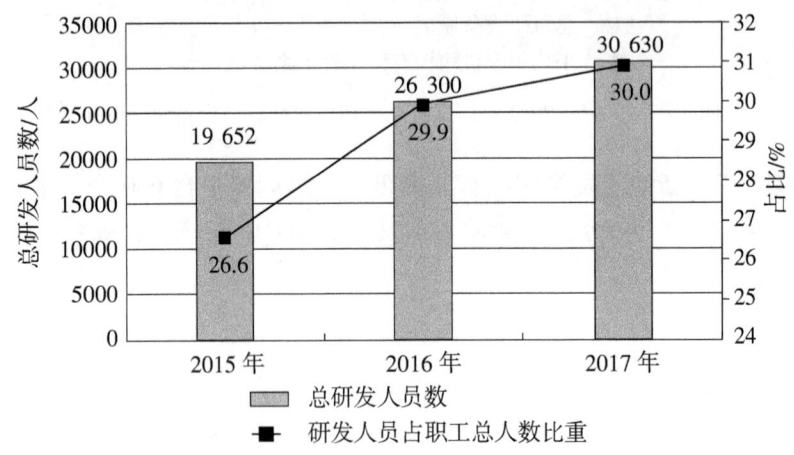

图 2-9 2015—2017 年广东省新型研发机构研发人员情况

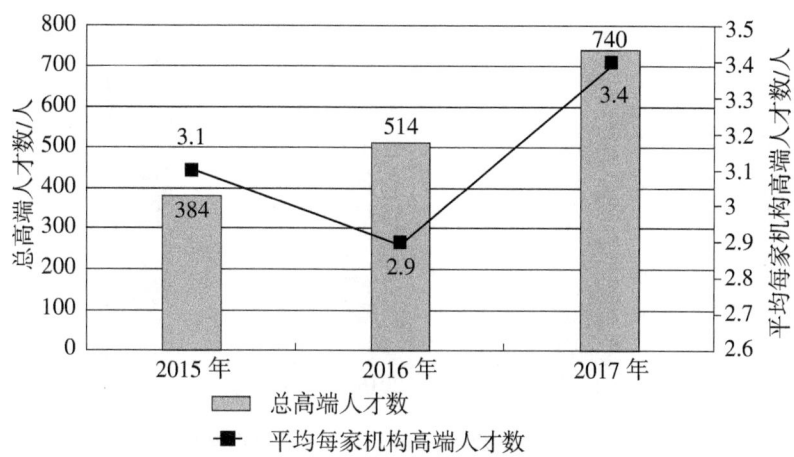

图 2-10 2015—2017 年广东省新型研发机构高端人才情况

7. 成果转化能力不断增强，可持续造血能力显著提升

2015—2017 年，广东新型研发机构科技成果转化和技术服务收入不断增加，占总收入的比重三年都超过 60%。2017 年，广东新型研发机构成果转化和技术服务收入达 614.5 亿元，平均每家新型研发机构成果转化收入达 2.8 亿元。机构总收入达 1015.3 亿元，总收入近三年年均增长率为 45.7%，可持续造血能力不断强化[4]（见图 2-11 和图 2-12）。

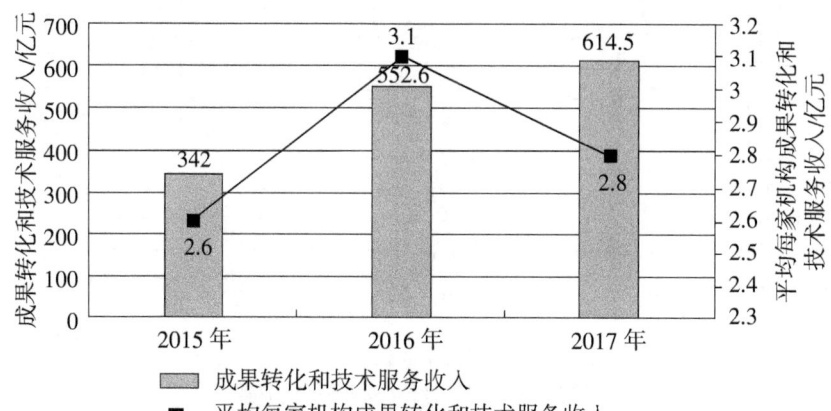

图 2-11 2015—2017 年广东省新型研发机构成果转化和技术服务收入情况

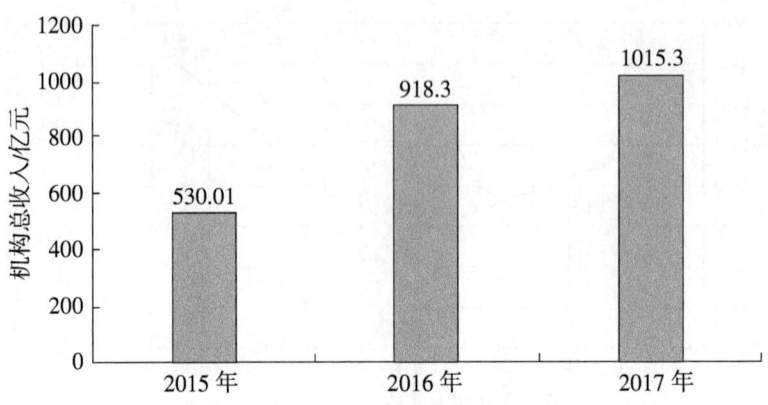

图 2-12 2015—2017 年广东省新型研发机构总收入情况

8. 创业孵化能力得到强化,社会影响力不断增强

2015—2017 年,新型研发机构累计创办和孵化企业数量稳步提升,年均增长 11.7%。2017 年平均每家新型研发机构累计创新孵化企业数预计达 21 家,近三年全省新型研发机构累计创办和孵化企业中高企数量稳定在 900 家以上(见图 2-13 和图 2-14)。有效地支撑了当地产业的发展,经济效益等创新绩效显著,社会影响力不断增强。

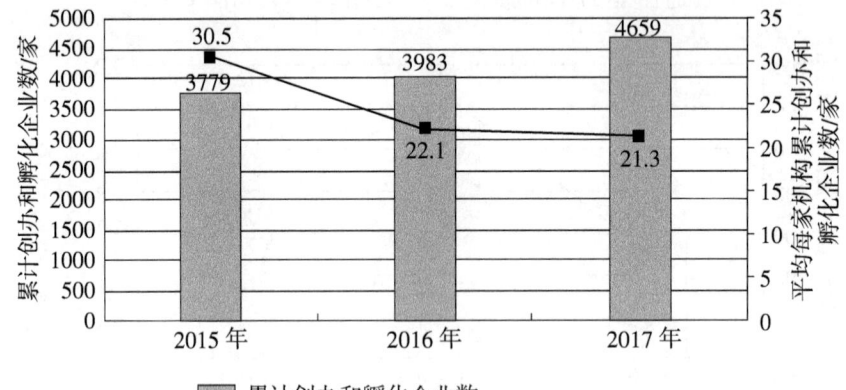

图 2-13 2015—2017 年广东省新型研发机构累计创办和孵化企业情况

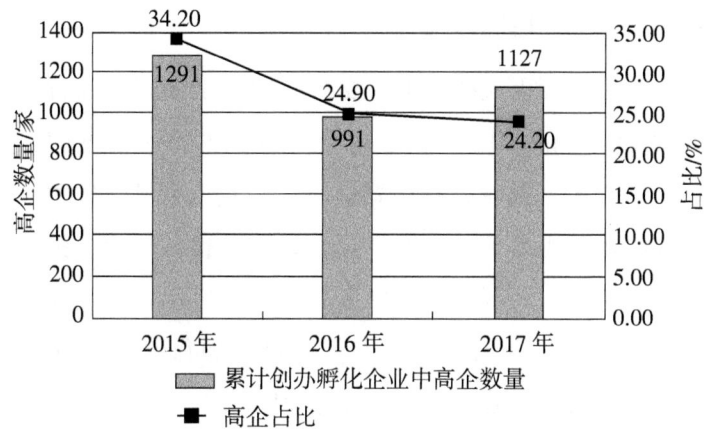

图 2-14　2015—2017 年广东省新型研发机构累计创办孵化企业中高企数量情况

2.2.3　省实验室发展现状

1. 总体建设进展取得初步成效

自 2017 年 12 月启动建设广东省实验室以来,省市相关部门高度重视,坚持高起点、高标准、高水平建设,在科研学术、人才资源、体制机制创新、制度建设等方面取得初步成效。第一批四家省实验室已经完成理事会组建和领军人物选聘、团队组建、法人登记注册手续等工作,同步开展制度建设、科研项目立项与实施、实验室规划和前期建设等工作,吸引一批高水平学科带头人,佛山先进制造科学与技术广东省实验室建设进展较快,实验室实体一期建设已接近尾声。第二批三家省实验室已完成实验室挂牌、理事会设立、启动经费落实等筹建工作,并选定了领衔科学家。

2. 汇聚海内外高层次创新人才

广东省实验室作为重大创新载体吸引来自海内外一流学者和顶尖团队。截至 2019 年 9 月,第一、二批省实验室已引进高水平人才团队近百个,聚集院士 200 多位,吸引人才 4000 余人。其中高水平院士专家中既有国家最高科技奖得主为代表的学界泰斗,也有曾在科技部、中国科学院、国家自然科学基金委任职的战略科学家。香港科技大学、香港大学、香港中文大学、香港城市大学、香港浸会大学等高校的多位院士、教授科研团队也被吸引参与建设。

3. 积极承接开展科技专项研究

省实验室积极发挥重大战略平台支撑作用，承接国家和省级重大科技专项，如鹏城实验室和季华实验室均承接了相关技术领域的国家重大科研任务。针对"卡脖子"技术，松山湖材料实验室、鹏城实验室、化学与精细化工广东省实验室等承接了一批省级应急重大科技项目。另外，省实验室还建立了科学规范、高效公正的自主立项管理机制，凝练部署重大科学任务，经理事会（管理委员会）审定开展自立项目研究，截至2019年9月，省实验室自主设立科研项目数已超过200项。

2.3 广东科研机构发展存在问题

2.3.1 省属科研机构发展存在问题

传统科研机构改革取得一定成效，但也存在一些遗留问题，活力尚未充分发挥。省属科研机构存在着规模小实力弱、科研骨干人员流失严重、体制弊端造成短期行为、面临新型科研机构的冲击、科研成果和市场联系不紧密等问题。

1. 科研机构规模小实力弱

广东省属科研机构的规模较小，科技资源不集中，科研实力较弱。根据2016年底统计的科研机构相关数据，职工总数在100人以下的有30所，占45.45%，其中职工人数最少的一家科研机构仅有20人；职工总数在100～200人之间的有27所，占40.9%；总数在200人以上的仅有9所，占13.64%。从人员规模来看，广东省属科研机构的规模小，难以集中力量干大事，导致其科研实力不强。据统计，在2014—2016年期间，其人均年发明专利授权数是0.02件，即一年内平均每50名科研人员产出一项发明专利。近5年来，平均每家省属科研机构制定的国家标准、行业标准、地方标准总数分别为1.8件、3.36件、1.79件。在2014—2016年间，其平均论文产量达到2394篇，但人均发表论文数仅为0.25篇，即平均每4人发表一篇文章。

2. 科研骨干人员流失严重

广东省属科研机构对科研人才的激励措施还不够，改革后的待遇与新型研发机构相差非常大，这就导致一些50多岁的专家提前退休。由于缺乏科研骨干的带领和培养，年轻科研人员创新能力还不够高。缺乏科研带头人也使得科研机构内的竞争氛围不足，科研人员不愿在创新工作中发挥作用。另外，与新型研发机构相比，省属科研机构对人才的吸引力正在下降，科研人员在研究过程中不能得到应有的保障，改革后一部分省属公益类科研机构在待遇、发展前景等方面缺乏吸引力，使得一些青年科研人才和骨干人才争相转向生活待遇和科研环境更为优越的高等院校就职。研发人员缺乏工作安全感与归属感，不能全身心投入到科研工作当中去，造成科研工作的延续性受到较大影响，阻碍了科研机构创新能力的进一步提升。

3. 体制弊端造成短期行为

随着科研机构改革的不断深化，科研机构的体制弊端开始出现，体制弊端所导致的短期行为愈发严重。已并入广东省科学院的广东省工业研究院，最初计划吸纳部分相关科研机构，使其做大做强，但这些机构属于各个省属资产经营公司，由于体制原因难以解决，最后只有广东省医疗器械研究所并入了广东省工业研究院。发展结果证明，省医疗器械研究所并入省工业研究院后，省工业研究院的实力大大增强。相反，省属资产经营公司管理的数十家科研机构，一方面因为与主管公司发展的产业不匹配，大多数科研机构都难以在主管公司发展过程中发挥科技支撑作用。另一方面，由于与主要发展产业不相关，主管公司对这些科研机构没有给予足够的重视，有的甚至将重点放在科研机构的"优质资产"即土地上，用以开发房地产。[5]

4. 面临新型研发机构的冲击

目前新型研发机构已成为科技创新的新生力量，珠三角地区涌现许多具有新体制、灵活机制、强大创新能力的原始技术创新机构，深圳光启、深圳清华大学研究院、华大基因为其中的代表。这些新型研发机构的技术创新研发效率和科研成果产出效率将传统省属科研机构远远甩开,以深圳光启和深圳清华大学研究院为例,深圳光启在超材料领域具有领先发达国家的技术优势,在超材料领域相关产业中,占据了80%具有自主知识产权的技术;深圳清华大学研究院成立20多年来,累计孵化企业2500多家,培育上市公司21家,成为"高科技上市公司的摇篮",成立了面向战略性新兴产业的40多个实验室和研发中心,拥有包括国内外院士7名、"973"项目首席科学家5名在内的数百人的研发团队,累计获得国家级奖3项、省部级奖5项,申请专利500多项,获得授权300多项。面对新型研发机构的冲击,省属科研机构如果不改制创新,提升创新活力,提高创新能力,将无法应对新型科研机构的冲击。

5. 科研成果和市场联系不紧密

当前广东省属科研机构主要科研成果在市场上的需求较低,部分科研成果在市场上难以转化。从三大类主要科研机构的情况来看,市场上对省属科研机构研究成果的需求程度较强烈的只占27%,需求一般和需求较低的研究成果占据相当大的比例。同时,省属科研机构中还有18%的机构科研成果市场需求很小,很难转化。究其原因,主要还是科研机构的科学研究与社会经济产业发展没有紧密结合,很少有项目进行产学研协同合作,导致最终可进行产业化应用的科技成果很少,科技成果转化率较低。根据对广东省21家省属科研机构的调查数据,这些科研机构2014—2015年的产学研合作项目只有20个,仅占项目总数的0.89%。近年发明专利授权数量虽增加很多,2006年为75项,到2016年增加到了195项,增加了1.6倍,但科研成果转化的比例并没有增加。除此之外,还有非常多的科研机构和科技人员仍然不重视科研成果转化问题,开展的研究方向及成果与产业实际需求有较大差距。[1]

2.3.2 新型科研机构发展存在问题

近年来,我省出台了多个新型研发机构政策,实施了一系列有力举措,尤其是设立了专项资金支持新型研发机构的发展,为新型研发机构的培育发展提供了有力支撑。但是,大多数新型研发机构在管理体制和运行机制上还在不断探索和完善之中，依然面临着许多困难和问题。从整体来看，数量依然偏少，发展水平参差不齐，产业分布也不太合理。具体包括以下几个方面：

1. 部分新型研发机构仍存在体制机制障碍

新型研发机构具有多元投资主体的特点，使得其容易产生多头管理的问题。其一是新型研发机构直接受投资主体高校、科研院所（少部分为企业）的管理。其二是与高校、科研院所共同组建新型研发机构的地方政府也需要对其进行监管，因此出现部分研发机构在经费支出、采购、工程建设、薪酬制度等方面的程序和制度既要满足高校、科研院所的管理要求，也要满足地方政府的管理需求的状况。整个管理程序和制度较为复杂，效率低下，影响各项工作的裁决时效，甚至会出现很多问题无法解决的情况，导致新型研发机构的整体发展趋缓。广东省外高校、科研院所与广东省政府或企业共建的新型研发机构除了有上述多头管理的问题外，还因为隶属于高校、科研院所的所在地政策不同，很多广东省级和各地市级的优惠政策无法享受，例如科技计划项目中经费比例、科研人员成果转化的股权激励措施等。[7]

2. 新型研发机构的辐射带动能力较弱

根据2015—2017年间新型研发机构在地区发展的分布可以知道，新型研发机构在地区分布上有很大差异，地区发展不平衡问题比较突出。截至2017年底，新型研发机构仍然主要集中在珠三角地区，共191家，占全省总数的81.2%，粤东西北地区的发展较为缓慢。从城市来看，主要集中在广州、深圳、佛山和东莞4个城市，这与地方经济发展以及地方政府的支持有很大的关系。新型研发机构建设地区呈现集中化特征，也同样造成了机构科技创新发展对产业的支撑引领效果局限在当地，无法对周边地区尤其是整个广东产业经济发展形成辐射带动作用。另外，从科技创新全链条来看，新型研发机构还难以带动相关高校、企业等产业创新联盟开展协同创新，促进科技成果真正应用到产业中。

3. 部分新型研发机构建设进程较为缓慢

不同新型研发机构之间的发展情况存在非常大的个体差异，部分机构经过多年的沉淀与发展，取得了非常显著的成绩，例如深圳清华大学研究院、华大基因、美的制冷研究院、深圳光启等，都发展成为各自领域的佼佼者。但也有很多机构并没有发展出明显的成绩，一是机构自身的发展基因还没形成自我造血的机制，在市场竞争中很难生存和发展；二是各地科技创新资源不均衡，除广、深以外，广东其他地区难以吸引高层次科研人才，新型研发机构在促进当地产业创新发展方面的作用还有待提高。除地区吸引力问题外，一些高校办的地方新型研发机构人员大多是高校教师兼职，其在高校内还有大量本职工作，无法全身心投入新型研发机构建设中。

4. 港澳院校的分支机构存在"水土不服"的现象

港澳高校资源非常丰富，由于土地、空间等资源问题，一直以来难以将港澳大量科技成果资源转化到产业中。广东比邻港澳，具有天然的区位优势，经过这些年的努力，吸引了很多港澳高校、科研院所来粤设立分支机构。其中香港城市大学深圳研究院、香港理工大学深圳研究院、香港科技大学深圳研究院、广州市香港科大霍英东研究院均发展较好。如今粤港澳大湾区建设如火如荼，港澳高校也抓住机遇在广东设立更多分支机构，例如香港科技大学将在广州南沙建立分校。粤港澳大湾区建设为广东承接更多港澳科教资源提供了契机，但港澳院校的管理体系与广东有很大不同，一些沿用香港管理和考核制度的新型研发机构主要以公益性教学、科研为主，并不以营利为目的，这与广东对新型研发机构的管理和支持要求有所差别，这类机构在获取广东对新型研发机构的各项政策支持方面存在掣肘。

2.3.3 省实验室发展存在的问题

广东省实验室自2017年12月底启动建设，目前三批次10个省实验室都还处于前期建设阶段。经过两年建设，省实验室取得重要进展，但也存在一部分问题，具体如下：①整体建设进展较为缓慢，统筹建设难度大；②珠三角地区和粤东西北地区省实验室建设发展不平衡；③关键核心领军人物和全职科研人员引进难度较大，部分省实验室领军人物仍未到位；④体制机制创新和制度建设仍需加强。

2.4 新时代广东科研机构改革方向

科研机构在广东省科学研究、经济发展、产业升级中发挥了关键性作用，提供了强大的人才支撑和重要的科技成果。随着全球新兴产业竞争和高层次人才争夺愈演愈烈，加速发展研发机构将会成为一个全新主题和热点。接下来，应该充分借鉴国内外研发机构发展的有益经验，加快推进研发机构改革，通过适当的政府引导，着力推动与市场需求的结合，为区域经济的发展提供强有力的科技支撑。

2.4.1 加大政策扶持力度

在政府角度，政府更加偏爱科研成果转化能力强、与市场联系紧密、能够及时将成果转化为收益的新型研发机构。传统的省属科研机构在政策扶持上逐渐失去优势，但同时，新型研发机构与产业化集于一身，在享受相关税收政策及优惠政策时有些条件对接不上。因此，政府需要改进扶持方式，根据研发活动类型，给予不同研发机构适当的经费支持。其次，对在经济欠发达地区设立分支机构或共建机构的单位，尤其是承担关键重点领域科研项目的机构，给予一定的政策倾斜，制定适当的税收政策，采取相应的财政补贴优惠措施。

2.4.2 加强机构发展规划设计

传统科研机构数量比较庞大，涉及领域比较广泛，但高层次人才稀缺、源头创新水平低，在一定程度上导致了其创新动力不足，创新体系整体效能不高。新型研发机构发展的重要动力源泉是资源配置市场化、研发方向需求化、服务功能多元化，在某种程度上做到了相互弥补。因此，要做好发展研发机构的顶层设计，结合各地区的产业转型升级需求做好市场调研和发展规划研究，准确定位研发机构类型和位置，从领域上、区域上、机制上做好引导的战略指向，支持多种形式研发机构成立和发展，引导地方结合本地需求组建多种形式的研发机构。

2.4.3 强化科研机构服务能力

不管是政府类科研机构还是新型研发机构，都应该增强机构的科技创新能力、研发技术能力，充分发挥科研机构对产业、经济、社会的服务支撑，形成相互促进、可持续发展的良好局面[6]。一方面，借助财政科技经费提升自身研发能力和夯实基础条件；另一方面，主动面向市场需求提升创新能力，创新服务方式，拓展服务范围，提高服务效益，进一步强化科技资源与市场需求的有效对接。

参考文献

[1] 方伟,廖玲,万忠. 广东省科研机构体制改革历程、存在问题及对策探讨——基于广东省属科研机构调研的分析 [J]. 广东农业科学, 2010 (10): 235-237.

[2] 何斌,涂卫军,王启广. 广东省的省直科研机构改革 [J]. 中山大学学报论丛, 2003 (4): 37-42.

[3] 赵剑冬,戴青云. 广东省新型研发机构数据分析及其体系构建 [J]. 科技管理研究, 2017, 37 (20): 82-87.

[4] 任志宽. 广东省新型研发机构发展创新双提速 [J]. 广东科技, 2018 (4): 16-21.

[5] 王卫红. 广东省科研体制改革的现状与对策探讨 [J]. 广东科技, 2012 (19): 1-2, 8.

[6] 袁传思. 新型研发机构在产业技术联盟中的主体作用 [J]. 科技管理研究, 2016 (9): 112-115, 125.

[7] 陈雪. 广东省新型研发机构发展实践研究 [J]. 科技创新发展战略研究, 2017 (1): 50-56.

第 3 章

国内外科研机构行业与区域布局经验借鉴

纵观国内外，美国、德国、日本、印度等国家与江苏省、上海市的科研机构发展各具特色，对这些国家与省、市的科研机构进行行业与布局研究，对广东省科研机构发展具有重要的启示与借鉴意义。

3.1 国外科研机构行业与区域布局经验

3.1.1 美国布局经验

美国的科学技术一直位居世界前列，人类现今使用的很多先进技术，其发明都源于美国。其科研机构的布局体系在技术发展的过程中发挥了重要作用，助力了美国在科技和经济方面所取得的显著成就。美国科研体系经过长期积累、逐步发展，形成了如今"官、产、学、研"于一体的研发体系。其研究主要涵盖政府科研机构、高等院校、工业界科研机构及非营利机构。美国政府科研机构主要是指联邦政府所属的国家实验室，这类实验室有700多家，隶属于20多个政府部门；美国高等院校特别是研究型大学在科研管理方面注重学术权力与行政权力的相互制衡，实行以教授为主体、以兴趣研究为动力的科研组织模式，同时也利用学校多学科优势建立跨学科研究中心；工业界科研机构的主体是企业，企业是美国研发活动的最大投入者，拥有不同规模的实验室2万多个；非营利机构不隶属于任何政府部门或高等院校，主要作为其他科研机构的有益补充[1]。

1. 行业布局

美国各学科方向的研究机构数量众多，不同类型的科研机构在行业布局上呈现以下特征：

（1）政府科研机构主要是联邦实验室，其研究以满足国家需求为主，其研究领域也主要属于前沿领域，引领美国产业发展。美国共有700多家大型联邦实验室，隶属于20多个不同部门。美国政府没有在联邦政府层面设置类似我国将科技管理的主要职责集中在一个部门的科技部。美国与科技相关的主要部门包括国防部、能源部、农业部、商务部以及国家航空航天局、国家环境保护局、美国国立卫生研究院和国家科学基金会。部分美国政府科研机构的主要任务及研究领域如表3-1所示[2]。

表3-1 部分美国政府科研机构主要任务及研究领域

政府科研机构	主要任务	主要研究领域
美国国家航空航天局	航空学研究及探索	空间科学、地球学研究、生物物理研究、航空学
美国国立卫生研究院	探索生命本质和行为学方面的基础知识，并充分运用这些知识延长人类寿命，以及预防、诊断和治疗各种疾病和残障	破译生命遗传密码，寻找肝炎病因，对儿童发育行为疾病的诊疗等
美国国家科学基金会	为国家提供综合战略，推动知识前沿，培养科学和工程人才，并致力于延展提升全体公民的科学素养	通过发放有限期的补助金来支持大学申请基础研究项目的方式，支持美国各类领域的基础研究

（2）美国高校主要从事基础科研工作，不同高校在不同行业领域各具优势，国家科学实验室、多领域杰出研究中心也会选择设立在具有优势的高校内，由相关部门和大学共同管理。以麻省理工学院（MIT）为例，其拥有林肯实验室（MIT Lincoln Lab）和麻省理工学院媒体实验室（MIT Media Lab），林肯实验室是美国大学中第一个大规模、跨学科、多功能的技术研究开发实验室，其研究领域包括空间监控、导弹防御、战场监控、空中交通管制等，在计算机图形学、数字信号处理理论方面作出了很大的贡献。

（3）企业科研机构是美国技术创新的主体，是研发活动最大的投入者和执行者。美国企业主要从事试验开发工作，但也是基础研究第二大投入者。以美国通用电气公司为例。该公司非常重视科技创新，1990年，该公司在车库里建立了第一个研发中心，研究方向集中在生物科学、陶瓷和冶金、化学技术和材料、电子系统与控制、能源、成像、机械系统、人工智能与机器人等行业领域，是一个前瞻性的跨学科机构。截至目前，美国通用电气公司在全球有四个一流实验室，分别位于美国纽约州尼斯卡于纳、印度班加罗尔、中国上海和德国慕尼黑。

美国科研机构行业布局发展还有一点非常值得提及，美国政府较早开始组织大型科技计划带动科技发展，并取得较成功的经验，促进相关行业取得重大突破和发展。例如，美国实施阿波罗计划、航天飞机计划、人类基因组计划、信息高速公路计划、国家纳米计划等，这些计划使得美国在互联网、信息技术、通信技术、生物医药、半导体芯片、新材料等领域的科技发展占据领先地位。

2. 区域布局

经过多年的积累以及多项科技计划、改革的实施，美国科学技术水平有了突飞猛进的发展，并且很多领域（如航空航天、国防技术、材料科学、生物医药、计算机等）都发展到全球领先地位，形成了多个高水平产业集群。产业集群的发展初期也正是依托于科研机构的地区分布，后期产业发展壮大形成集群，反过来也将吸引科研机构在产业集群区域集聚。美国科研机构区域布局情况如表3-2所示。

表3-2 美国科研机构区域布局情况

区域	产业集群	科研机构
加利福尼亚州	以信息技术、互联网服务、软件开发为主	斯坦福大学、加州理工学院等高等院校
墨西哥湾畔	休斯敦石化集群	康菲石油、哈里伯顿等29家美国最大能源公司总部
波士顿	生物技术（生物制药）产业集群	哈佛医学院、麻省理工学院、波士顿大学医学院等一大批一流大学和国际顶尖医院
硅谷	高新技术产业集群	斯坦福大学研究所、西屋电气公司、IBM等

3.1.2 德国布局经验

德国是全球科技与经济最为发达的国家之一，是与英国、法国齐名的科技强国。2008年金融危机后，德国成为拉动欧洲经济的"火车头"。德国拥有一套完善、分工明确、协调一致的科研机构布局体系，其中，高等院校、国立研究机构、企业科研机构是德国科研机构布局体系的三大支柱。目前，德国由政府公共财政支持的研究机构约有750个，包括依托在大学里的研究机构、独立研究机构和其他研究机构,构成了德国基础研究和前沿科学研究的主要基地。企业根据市场的需求和生存竞争的需要成为高新技术研发的主力军,德国80%的大型企业拥有独立的研究机构。[3]

1. 行业布局

德国科研机构按照高等院校、国立科研机构、企业科研机构分类,涉及的行业布局有所不同。高等院校侧重于基础研究和应用科学;国立科研机构拥有自主研究的能力、独特的大型设备以及高度的创新和实验能力,为一流科研提供了理想的条件;企业科研机构都在深入研究清洁能源、移动未来等全球性问题。

(1) 高等院校。德国共有300余所大学及专科学院,综合大学114所,应用技术大学152所,各州行政管理学院数十所。它们既是一支很强的基础理论及应用研究队伍,又是培养科研后备力量、保证科研力量不断更新的重要基地,尤其在自然科学基础理论研究的大多数领域里以及在人文科学领域里是研究工作专业方面最重要的负责部门。[4]这些研究机构主要分布在一些综合性大学以及各类专科学校里,都有自己的特色研究,这些高校研究机构在基础理论研究、应用研究,培养科研人才等方面发挥着非常重要的作用。

(2) 国立科研机构。德国独立科研机构是由联邦政府和州政府共同资助的非营利科研机构,这些机构主要进行基础技术研发与应用导向型基础研究,主要有马克斯·普朗克科学促进学会、弗劳恩霍夫应用研究促进协会、亥姆霍兹国家研究中心联合会、莱布尼茨科学联合会和德国几大知名研究院。在基础研究和应用科学上,它们拥有自主研究的能力、独特的大型设备以及高度的创新和实验能力,为一流科研提供了理想的条件。在德国国立科研机构中,各科研机构具有不同的定位,在研究上各有侧重,其主要研究领域如表3-3所示。

表3-3 德国科研机构主要研究领域

类型	科研机构	主要涉及行业
高等院校	艾母登/里尔应用技术大学	能源、健康、工业信息化
	卡尔斯鲁厄理工学院(KIT)	能源、人类、气候、环境

续表

类型	科研机构	主要涉及行业
独立科研机构	马克斯·普朗克科学促进学会	化学、物理化学、生物医药、人文社会科学
	弗劳恩霍夫应用研究促进协会	健康、安全、通信、能源、环境
	亥姆霍兹国家研究中心联合会	能源、地球与环境、生命科学、关键技术、物质结构、航空航天与交通
	莱布尼茨科学联合会	自然科学、工程和环境科学、经济学、空间科学、社会科学、人文学科
	利奥波第那科学院	能源、纳米技术
企业科研机构	奔驰、大众、博世等	清洁能源，移动未来，数字化与自动化，电子、化学和医药行业，信息和通信技术，能源、气候和环境技术，汽车和运输技术

(3) 企业科研机构。德国企业科研机构主要进行面向市场的研究与开发，仅有5%的企业从事基础研究。大企业为了保护竞争，全部研究与开发经费原则上由企业自行承担，除非大企业申请到国家科技规划的重点项目。小企业为了降低科研成本，实现资源共享，成立联合研究机构。总的来讲，德国80%的大企业有独立的研究机构，这个比例是中小企业的4倍左右。由于行业的性质不同，企业的科研机构数量比例也有所不同，工业技术的研究机构相对较多，而从事技术服务的研究机构相对较少。[3]

2. 区域布局

德国拥有世界上最密集的科研机构、高等院校和完整的科研体系，有近400所高等院校。德国高等院校的地区分布比较均匀，其中巴登-符腾堡州、巴伐利亚州、北莱茵-威斯特法伦州、下萨克森州地区相对更多。这些都是德国经济发达、在全国排名前列的地区。

除了高等院校机构外，德国国立科研机构也在国际上享有盛誉，例如马克斯·普朗克科学促进学会、弗劳恩霍夫应用研究促进协会、亥姆霍兹国家研究中心联合会和莱布尼茨科学联合会这四大著名研究机构。①马克斯·普朗克科学促进学会成立于1948年，其前身是创建于1911年的德国威廉皇家学会，是世界上历史最悠久的科研机构之一。其总部位于慕尼黑，目前其在德国各州都有下属研究所和研究设施，共88个，以及4个海外研究所和1个海外研究设施。在德国各州分布也与各州经济发展相吻合，经济较发达地区如北莱茵－威斯特法伦州、巴伐利亚州分布更多研究所。②弗劳恩霍夫应用研究促进协会成立于1949年3月，是德国也是欧洲最大的应用科学研究机构。协会总部位于慕尼黑，拥有遍布德国40多个地区的72个研究所和研究机构。除下属研究所外，协会还与地方企业及研究机构展开合作，设立区域性创新集群，与地区经济发展的研究需要充分结合，例如在不来梅设立多功能材料和技术集群，在柏林、勃兰登堡地区设立能源和交通维护集群、安全身份集群。③亥姆霍兹国家研究中心联合会是德国最大的科学组织，前身是1958年由造船与航海导航核能管理学会和众多大学的核研究所组建的德国反应堆操控台运行与管理事务工作委员会。其分别在柏林和波恩设有办事处，在德国全国拥有19个独立研究中心，各研究中心的规模大小不同，下属科研团队设置也有较大差异。较大的研究中心如尤里希研究中心下设9个研究院，各研究院还下设若干研究所，较小的研究中心则仅设若干研究组。④莱布尼茨科学联合会是德国四大国立科研机构之一，其组织较松散，职责主要是促进各成员机构的科学与研究工作。莱布尼茨科学联合会由96个具有法人资格、经济独立的非大学研究机构组成，总部位于柏林，在柏林的研究机构也是最多的。[5]173-238

从高等院校和国立科研机构的地区分布来看，除柏林和下萨克森州外，德国科研机构区域布局主要集中在西部和南部地区，尤其是北莱茵－威斯特法伦州、巴伐利亚州。这与德国西南部地区经济比东北部经济更发达紧密相关。

3.1.3 日本布局经验

日本自第二次世界大战后经济快速发展，这与日本重视科技发展、逐步成为世界科技强国不无关系。日本的优势产业如汽车产业、半导体产业、电子产业等都是从二战后发展起来的。日本科技快速发展离不开日本高校、企业和国立科研机构的研发投入。在日本的科研体系中，高校的科学研究主要侧重于基础研究。日本高校实行学术自治，追求学术自由的科研体制为日本基础研究的发展发挥了重要作用。企业是日本科研体制的重要组成部分,企业是投入研发经费最多的部门,投入重点主要是试验开发和应用研究,基础研究占比很少,其中大型企业是企业研发活动的主要参与者和组织者[5]373-418。国立科研机构主要隶属于内阁府、各省厅,其中文部科学省是日本国立科研机构最主要的科技管理部门。承担实施《日本科学技术基本计划》的核心机构——日本科学技术振兴机构就隶属于文部科学省。日本主要国立科研机构及其主管部门情况如表3-4所示。

表3-4 日本主要国立科研机构及其主管部门情况

主管部门	法人名称
内阁府	日本医疗研究开发机构
总务省	情报通信研究机构
文部科学省	物质·材料研究机构
	防灾科学技术研究所
	量子科学技术研究开发机构
	科学技术振兴机构
	理化学研究所
	宇宙航空研究开发机构
	海洋研究开发机构
	日本原子能研究开发机构
厚生劳动省	医药基础·健康·营养研究所
	国立癌症研究中心
	国立循环器官疾病研究中心
	国立精神·神经医疗研究中心
	国立国际医疗研究中心
	国立儿童健康与发育研究中心
	国立长寿医疗研究中心
农林水产省	农业·食品产业技术综合研究机构
	国际农林水产业研究中心
	森林研究·整备机构
	水产研究·教育机构
经济产业省	产业技术综合研究所
	新能源·产业技术综合开发机构

续表

主管部门	法人名称
国土交通省	土木研究所
	建筑研究所
	海上·港湾·航空技术研究所
环境省	国立环境研究所

资料来源：中国财政科学研究院. 日本国有科研机构改革：放权提效[EB/OL]. (2017-10-29) [2019-12-20] http://www.chineseafs.org/index.php?m=content&c=index&a=show&catid=23&id=511.

1. 行业布局

二战后，为有计划地、综合地推动科学技术创新发展，日本颁布了《科学技术基本法》，以立法的形式规定日本科技发展战略，明确提出政府应当制订有关科学技术振兴的基本计划，即科学技术基本计划。日本科学技术基本计划每五年制订一期，每一期都将确定推动研究开发的综合方针，重点发展一些行业领域。近些年日本科学技术基本计划主要研究方向如表3-5所示。日本国立科研机构一直是日本科学技术基本计划的重要实施机构，从表3-4中27个国立科研机构的名称中也可以看出，国立科研机构的行业布局也是遵循日本科学技术基本计划的。[5]373-418

表3-5 日本科学技术基本计划主要研究方向

日本科学技术基本计划	主要研究方向
第一期（1996—2000）	为青年研究人员提供竞争资金
第二期（2001—2005）	重点推进发展生命科学、信息通信、环境、纳米技术与材料
第三期（2006—2010）	重点推进发展生命科学、信息通信、环境、纳米技术与材料，其他推进发展的四个领域包括能源、制造技术、社会基础和未开拓领域
第四期（2011—2015）	环保、能源、医疗、护理、健康及灾后恢复与重建三个领域

2. 区域布局

日本的国立科研机构（包括特殊法人机构）共有103个，遍及22个都道府县，但主要集中在东京（36个）和茨城县（31个）[6]。东京作为日本首都，集聚众多科研机构更多是政治因素，正如广东省属科研机构高度集中于广州一样。而科研机构聚集于茨城县则主要是日本政府在20世纪60年代为实现"技术立国"目标而建立的科学工业园区——筑波科学城。日本筑波科学城1963年开始建设，至今已经50多年，科学城坐落在离日本东京东北约60千米的筑波山麓。截至2016年底，科学城拥有31个国立科研机构、300余个民间科研机构和企业等[7]。虽然日本国立科研机构主要集中在东京和茨城县，但很多机构也在日本各地下设研究机构或研究基地，接下来以理化学研究所和产业技术综合研究所为例进行具体分析。

（1）理化学研究所创立于1917年，是日本唯一一家自然科学综合研究所，2003年10月成为独立行政法人机构。研究所主要研究领域有物理、化学、生物科学、生物医学、材料科学与交叉前沿科学。理化学研究所总部位于埼玉县和光市，设和光总部，和光研究所、筑波研究所、播磨研究所、横滨研究所、神户研究所5个研究所，研究所在各地又设立研究中心或与其他机构成立联合机构等，分布在茨城县筑波市、兵库县佐用郡、神奈川县横滨市、兵库县神户市、宫城县仙台市、爱知县名古屋市及东京都板桥区。

（2）产业技术综合研究所的前身是工业技术院。经济产业省于2001年将工业技术院下设的15个研究所重组为产业技术综合研究所，产业技术综合研究所正式成为独立行政法人。研究所主要研究领域有能源与环境、生命科学与技术、信息技术与人工智能、材料与化学、电子和制造、地质调查、计量与标准这七个方面，研究所也设置了这七大研究领域的研究中心、研究部门、研究实验室等。截至2019年，研究所有9个研究中心、11个研究部门和1个福岛可再生能源研究所。除在东京和筑波设有两处总部，在北海道、东北、筑波、临海副都、中部、关西、本州西部的中国、四国和九州还设立了9个研究基地。

3.1.4 印度布局经验

印度是发展中的科技大国之一，印度独立后逐步建立起一套非常完整的、以中央政府为主导的高度集中式科技管理体制。不同于美国、德国，印度建设的是以政府科研机构为主体、以企业研发机构为辅的科技创新体系。据相关资料显示，印度政府科研机构在研究人员和经费等方面占整体的 60% 以上，而企业在研究人员和经费等方面不足整体的 30%。[8]印度的研发活动是在中央政府、邦政府、实业界和大学这四类科研机构中进行，并以中央政府直属科研机构为主。可见，印度实际上实行的是以中央政府为主导的四级科研机构体系。

1. 行业布局

印度科研机构的布局主要由中央政府、各邦政府、企业和高校以及其他机构五类科研机构组成，其中：①中央科研机构偏重于国防科学技术行业。印度中央政府的科技研究除工业技术、生物技术、海洋开发技术外，还偏重于国防技术、空间技术和原子能技术，并为此专门设立了空间局、原子能局等。印度大力发展国防科学技术，一定程度上忽视了民用科学技术的发展[8]。②印度企业科研机构主要集中在化学及其相关行业。从表3-6可以看出，化学及其相关行业科研机构有 495 家，占比 41.42%；电力和电子行业科研机构有 280 家，占比 23.43%；机械工程行业科研机构有 180 家，占比 15.06%；加工工业行业科研机构有 150 家，占比 12.55%；农业和食品加工行业科研机构有 90 家，占比 7.53%。

表3-6 印度企业科研机构行业分布

行业	化学及其相关	电力和电子	机械工程	加工工业	农业和食品加工
数量/家	495	280	180	150	90

2. 区域布局

以企业科研机构为例，分析印度科研机构区域布局情况。从表3-7可知，中部科研机构有 450 家，占比 37.66%；南部科研机构有 365 家，占比 30.54%；北部科研机构有 185 家，占比 15.48%；西部科研机构有 110 家，占比 9.21%；东部科研机构有 85 家，占比 7.11%。可见，印度科研机构主要集中在中南部。

印度中南部科技发展具有良好的政策环境，印度政府对南部 IT 产业发展给予了充分的政策支持，科技创新氛围浓厚。例如，班加罗尔是印度南部城市，聚集着大量高科技公司，是印度信息科技的中心，被誉为"软件之都"和"亚洲的硅谷"，也是印度科技研究的枢纽，那里还有印度天文物理学学院、拉曼研究学院、贾瓦哈拉尔·尼赫鲁高等科学研究中心、印度国家生物学中心和印度统计研究所等重要的研究机构。

表3-7 印度企业科研机构区域分布

区域	北部	西部	中部	南部	东部
数量/家	185	110	450	365	85

3.2 国内科研机构行业与区域布局经验

3.2.1 江苏省布局经验

1. 总体情况

虽然广东省近些年在区域创新排名中位列第一，但是江苏省在2017年以前连续八年位居全国第一。从《中国区域创新能力评价报告2018》的数据来看，在科研机构数量、科技人员投入以及省内高校学生数量等方面，还是江苏省更胜一筹。江苏省科研机构不断发展壮大，目前已成为江苏省科技创新的重要力量。

与广东省相比，江苏省科研机构数量遥遥领先。据《江苏省科学研究与技术开发机构统计年报》（以下简称《年报》）显示，2017年江苏省共有811家科学研究与技术开发机构。其中，中央部门属科学研究与技术开发机构56家；省级部门属科学研究与技术开发机构83家；市县属科学研究与技术开发机构319家；其他科研机构231家；有R&D活动的其他单位114家；社会科学与人文科学机构8家（见图3-1）。

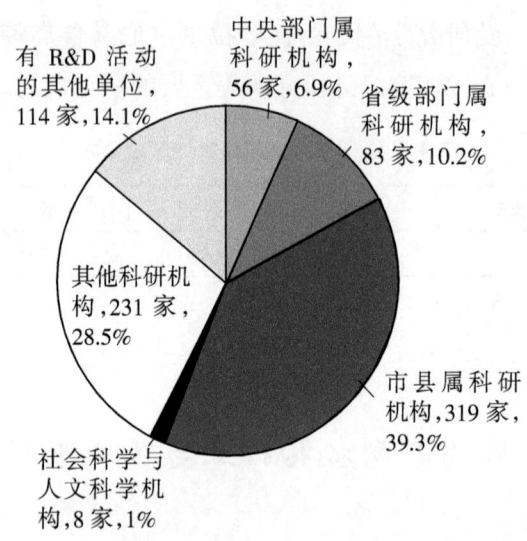

图 3-1 2017 年江苏省不同类别科学研究与技术机构情况

另外，据 2017 年科研机构统计，有 346 家新型研发机构，主要是指地方政府和科教资源合办的，具有独立法人，具备创新、创业与服务等职能特征的研发机构，这类研发机构无编制、无级别、无事业费。而截至 2017 年底，广东省经认定的新型研发机构只有 219 家，与江苏省相比存在较大差距。

江苏省科研机构发展得如此壮大，不仅领先于广东省，在全国范围内也属于前列。江苏省不仅区域创新与广东省的水平相近，经济发展总量也差距不大，因此，研究江苏省科研机构的行业与区域布局，对广东省科研机构发展具有非常大的借鉴意义。

2. 行业布局

根据《年报》中科研机构服务的行业领域分布情况显示，江苏科研机构服务的行业领域数量前三的分别是科学研究技术服务业，制造业和农、林、牧、渔业（见表 3-8）。新型研发机构分布在科学研究技术服务业和制造业的数量也是最多的，其次是信息传输、软件和信息技术服务业。新型研发机构正成为新一轮产业转型的驱动力，新型研发机构的行业分布与当前江苏产业发展布局是密切相关的。据《年报》分析，江苏各类新型科研机构主要集中在战略性新兴产业上。根据相关研究统计，江苏新型科研机构的主要研究领域为生物技术和新医药产业、物联网与云计算产业、节能环保产业、新材料等，这些领域的新型科研机构数量占全省新型科研机构的90%以上[9]。

表3-8 江苏省科研机构服务的行业领域分布情况

行业领域	科研机构总数量/家	新型研发机构数量/家
农、林、牧、渔业	110	21
采矿业	11	2
制造业	195	89
电力、热力、燃气及水生产和供应业	11	2
建筑业	18	4
信息传输、软件和信息技术服务业	36	26
科学研究技术服务业	331	179
水利、环境和公共设施管理业	48	14
教育	10	4
卫生和社会工作	21	0
文化、体育和娱乐业	7	1
其他行业汇总	12	2

3. 区域布局

从科研机构的地区分布来看，江苏省科研机构的区域布局受江苏省区域经济发展不平衡的影响比较大，呈现出以下两个特征：一是呈现与区域经济发展特征相符的典型的苏南、苏中、苏北地区差异；二是除省会南京外，苏州、无锡作为江苏省经济最发达、最活跃的地区，其科研机构数量也遥遥领先。

2017年江苏省科学研究与技术开发机构地区分布情况如表3-9所示，苏南拥有最多科研机构，占据全省科研机构的62.89%，苏中科研机构数量较为平均，苏北宿迁的科研机构最少。从新型研发机构的地区分布来看，也具有明显的苏南、苏中和苏北差异，区域间产业技术创新发展不均衡。苏州毗邻上海，承接了很多来自上海的外来投资，一直是江苏省经济发展最快的城市。因此，苏州的科研机构总数量虽仅次于南京，但苏州的新型研发机构数量是最多的，远超南京。南京是江苏的省会城市，是江苏的政治中心，高等院校集聚，人居环境良好，因此入驻了最多的科研机构，尤其是部属科研机构。据《年报》的部属科研机构清单所示，南京入驻的部属科研院所达30家，超过全省部属科研机构数量的一半以上。无锡和常州也属于江苏省经济发展水平居于前列的城市，部属科研机构在这两个城市的布局仅次于南京和苏州，对新型研发机构设立的吸引力也很高，新型研发机构数量仅次于南京和苏州。2017年江苏省新型研发机构地区分布情况如图3-2所示。

表3-9 2017年江苏省科学研究与技术开发机构地区分布情况

地区	城市	机构数/家
苏南	南京	177
	苏州	154
	无锡	70
	常州	64
	镇江	45
苏中	扬州	40
	泰州	49
	南通	47
苏北	连云港	39
	淮安	29
	盐城	44
	徐州	40
	宿迁	13
合计		811

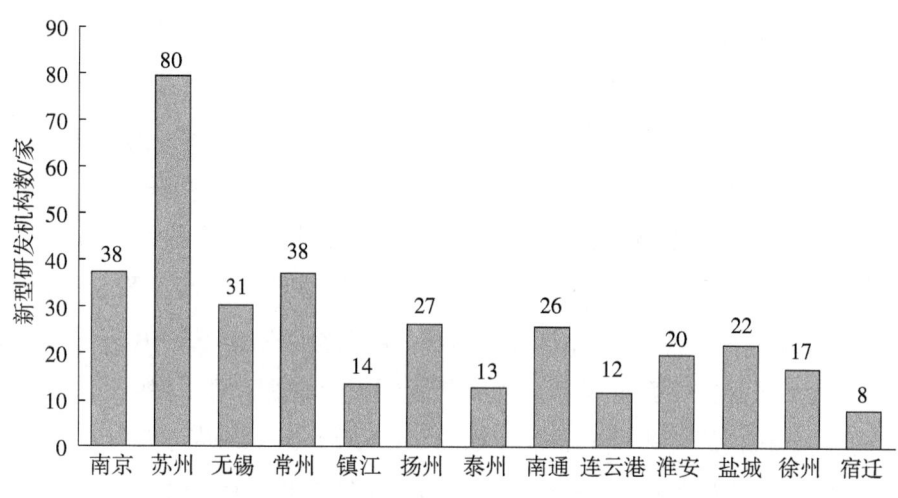

图 3-2　2017 年江苏省新型研发机构地区分布情况

3.2.2　上海市布局经验

1. 总体情况

长三角科研机构在全国创新驱动发展战略中占据重要地位，近几年已整体上形成从跟跑者到并跑者再到领跑者的良好发展态势。根据《2019 长三角区域创新机构发展研究报告》，长三角三省一市机构百强中，上海综合示范引领能力较强，百强第一梯级 25 家机构中，上海数量居首，达到 11 家。

根据《上海科技年鉴（2017）》数据显示，上海政府类科研机构共有 142 家，数量上比广东和江苏都更少，但上海科研机构发展质量高，长三角科研机构百强第一梯级机构的数量比江苏多。除此之外，上海企业科研实力强，发展迅速。截至 2019 年底，上海已建设成国家级企业技术中心 88 家、市级企业技术中心 640 家、区级企业技术中心 1500 家左右的企业技术中心三级网络体系。作为中国资本流通最活跃的城市，上海也成为海外资本和技术进入中国的"桥头堡"，根据《长三角外资科创报告》，截至 2019 年 9 月底，在上海的外资研发中心达到 452 家，是国内外资研发中心最多的城市。

2. 行业布局

2018 年上海 GDP 总量为 32 679.97 亿元，其中第三产业为 22 842.96

亿元，占比高达69.9%，这已经是很多发达国家的水平。从工业行业来看，上海市六个重点行业主要是电子信息产品制造业、汽车制造业、石油化工及精细化工制造业、精品钢材制造业、成套设备制造业、生物医药制造业。六大战略性新兴产业为生物、新一代信息技术、高端装备、新能源汽车及新能源、节能环保、新材料。企业研发机构的设立紧跟产业发展，据了解，上海市企业技术中心已从传统制造业逐步向建筑工程、信息服务、金融服务等领域拓展，战略性新兴产业占比近六成，其中新一代信息技术占比一枝独秀，新材料、生物和节能环保产业处于第二梯队[10]。上海政府类科研机构研究领域分布情况如图3-3所示，上海科研机构分为自然科学研究与技术开发机构、社会人文科学研究与技术开发机构、科学技术信息与文献机构三类。其中自然科学研究与技术开发机构总数达104家，占比高达73%。

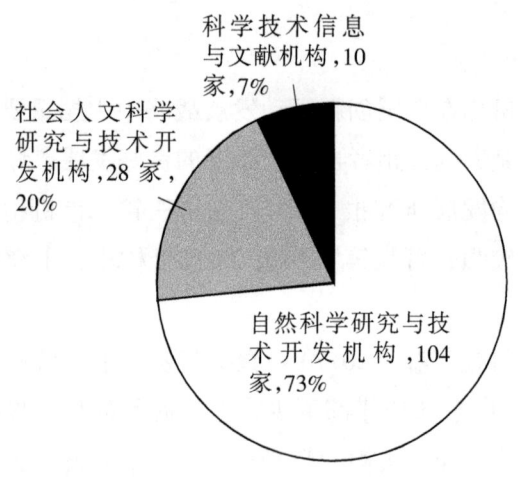

图3-3 上海政府类科研机构研究领域分布情况

3. 区域布局

上海科研机构的地区分布呈现局部聚集、整体扩散并存的趋势和特点（见表3-10）。不管是政府类科研机构还是企业研发机构分布，总体上来说都遵循这个特点。首先，科研机构主要集中在上海市的东部和中部地区，西部、南部、北部则相对较少。中部的徐汇区、闵行区、黄浦区的科研机构数量位居上海全市前列。东部主要是浦东新区，浦东新区虽然政府类科研机构数量不占明显优势，但企业研发机构数量众多。因此上海科研机构主要在东部和中部聚集，并向周边扩散。其次，从具体区县来看，徐汇区政府类科研机构数量在各区县占据绝对领先地位。徐汇区集聚了上海交通大学、复旦大学、华东理工大学等优质高校，丰富的高校资源对科研机构具有非常强的集聚力和吸引力，也因此集聚最多自然科学研究与技术开发机构。浦东新区是国家重点新区，虽然政府类科研机构数量比不上徐汇区，但其企业研发机构的数量却遥遥领先。截至2019年底，上海市级企业技术中心共有562家，而浦东新区就有139家，占25%，2019年上海市企业技术中心区域分布情况如图3-4所示。

表3-10 上海市政府类科研机构地区分布情况　　　　单位：家

地　区	自然科学研究与技术开发机构数量	社会人文科学研究与技术开发机构数量	科学技术信息与文献机构数量	合　计
黄浦区	10	16	1	27
徐汇区	28	10	4	42
长宁区	4	0	0	4
静安区	4	1	3	8
普陀区	5	0	0	5
虹口区	1	0	0	1
杨浦区	8	0	0	8
闵行区	22	1	1	24
宝山区	0	0	0	0
嘉定区	5	0	0	5
浦东新区	11	0	0	11
金山区	0	0	0	0
松江区	2	0	0	2
青浦区	0	0	0	0
奉贤区	4	0	1	5
崇明区	0	0	0	0
合计	104	28	10	142

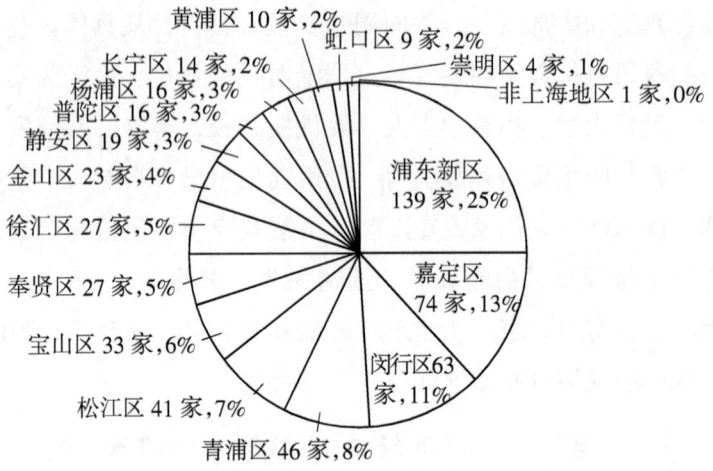

图3-4 2019年上海市企业技术中心区域分布情况

3.3 主要启示

3.3.1 均衡科研机构区域布局

从德国、日本等国的科研机构布局经验中可以看出，均衡地区科研机构的布局能避免科研机构过度集中化的问题，从而充分调动各地区的资源，更高效地提升整体的研发能力。比如德国的汽车、电气、制药和物流分布在不同的中心地区，日本的汽车、半导体、电子和机器人研发也都分布于沿海不同的城市地区。就广东而言，均衡科研机构的地区布局也具有十分重要的意义。广东各个城市都有自身独特的优势，在产业科研布局上也有不同的侧重点，广东应该避免科研机构集中于一两个主要的中心城市，比如广州、深圳，应该均衡发展全省的科研机构，积极引导科研机构向周边城市发展，充分发挥沿海城市的独特优势。同时，广东应该大力发展相对落后地区的基础设施，加大对研发人才的政策吸引力度，统筹全省研发布局的分工合作，形成科研机构全省协调发展的新局面。

3.3.2 提高科研机构研发能力

在科研机构的发展布局中，高新技术的研发无疑扮演着"领头羊"的角色。在科技研发日新月异的时代，谁能占领高新技术的高地，谁就能取得市场的主导权。日本的电子科技、德国的汽车工业、美国的信息技术、印度的软件业都是世界上实力最为雄厚的行业科研机构，这些行业科研机构代表着这些国家最高的研发能力和水平，也是这些国家抢占这些产业研发的高地后，苦苦耕耘、厚积薄发的结果。更为重要的是，这些代表产业的研发能够得到可持续的发展，在已有的研发优势的基础上还能不断创造出更大的优势。对于广东的研发布局来说，需要找准适合自身大力投入的产业研发方向，并在这一高新技术的研发中打牢基础，不断建立自身的优势，成为广东参与国际竞争的代表产业。同时，要有长远规划，在研发过程中要坚持可持续发展的理念，要把科研机构的优势变得越来越大，形成国际行业的标准并始终扮演"领头羊"的角色。

3.3.3 保障科研机构管理自主权

对于科研机构来说，服务国家和地方的发展大局无疑是其科研方向的题中之义。但科研机构也因为其研发的特殊工作性质，需要更多的自主权，以此来激发更多的科研创造性。在一些国家的科研机构布局过程中，保障科研机构充分的自主权一直是它们着重考虑的。美国的很多国家科学实验室、多领域杰出研究中心等都设立在大学内，由相关部门和大学共同管理，而美国大学在科研管理方面具有较大的自主权。日本、德国等国家的主要科研机构也基本布局在企业和高校中。企业和高校在研发中具有很大的自主性，政府机构更多的是起到协调和引导的作用。众多的企业和高校研发资源是广东具备的基础优势，而作为改革开放的"排头兵"，广东也是科研机构青睐的地区。广东可以在这些资源的基础上继续给科研机构释放更多的自主权，激发科研机构的创造性，进而能从全局上更好地提升广东全省的研发能力。

参考文献

[1] 王清,丁可可,江海宁. 美国研究型大学的科研管理及对我国高校的启示[J]. 中国矿业大学学报(社会科学版),2008(2):99-102.

[2] 李志民. 美国科研机构概览[J]. 世界教育信息,2018(5):6-10.

[3] 李健民,叶继涛. 德国科研机构布局体系研究及启示[J]. 科学学与科学技术管理,2005(11):27-30.

[4] 孙强. 德国科研机构的体制及布局[J]. 全球科技经济瞭望,2006(10):35-38.

[5] 白春礼. 世界主要国立科研机构概况[M]. 北京:科学出版社,2013:173-238,373-418.

[6] 胡智慧. 日本国立科研机构的管理制度与运行机制[J]. 中外科技信息,2002(12):15-16.

[7] 王海芸. 日本筑波科学城发展的启示研究[J]. 科技中国,2019(3):20-27.

[8] 张瑞山. 印度的科研机构布局及对中国的启示[J]. 南亚研究季刊,2006(3):53-57.

[9] 陈良华,何帅. 江苏新型科研机构建设现状分析与发展建议[J]. 江苏科技信息,2018(11):1-4.

[10] 刘锟. 近2000家企业技术中心筑起上海产业技术创新要素新高地[N/OL]. 上观新闻,2019-08-07[2020-03-01]. https://www.jfdaily.com/news/detail?id=168307.

第 4 章

理论基础及概念模型

4.1 相关理论基础

4.1.1 产业集群理论

产业经济学中表明,经济发展到一定阶段,产业布局就会呈现出区域产业集群的发展态势,即某类产业或某些互相关联的产业逐渐在特定的地理位置相对集中,形成若干企业和机构的集合。英国新古典经济学家马歇尔在19世纪末提出了产业区位论,这是对产业集群最早的研究。我国对产业集群以及区域创新体系的研究始于20世纪90年代,但2000年以后才出现大量研究。我国对于产业集群的研究也是在借鉴和运用国外产业集群理论的基础上,伴随我国沿海地区经济的迅猛发展和区域经济一体化而出现的产业集群萌芽分析,如浙江的"块状经济"和广东的"专业镇"以及北京的中关村等。

综合来看,产业集群的特征是空间集聚性、柔性专业化、社会网络化、文化植根性等。其中产业集群的社会化网络是指区域内企业和企业、企业和地方政府、企业和各式中介服务机构以及企业员工和员工之间正式和非正式的协作网络。正式网络是通过各个主体之间的各式合同或合约形式的关系,而非正式网络是各主体之间在长期互动过程中形成相对稳定的关系。与正式网络相比,非正式网络对产业集群发展有更重要的作用,它能有效推动产业集群内的人力、资本、技术创新在集群内传递,加速集群发展进程,这对提高产业集群竞争力具有非常重要的意义。[1]

科研机构便是存在于产业集群的网络体系中,在其间扮演大学与企业的技术衔接的桥梁,促进知识创新转变为技术创新,为企业的发展提供关键技术。因此,科研机构的行业布局与产业集群的分布密不可分。

4.1.2 技术扩散理论

技术扩散理论源自化学中的空间扩散作用,指的是粒子群体向一个介质体系的填充过程。而一提到扩散，就不得不提和它相近的一个概念"溢出"。技术的扩散和技术的溢出，两者具有不同的概念，但是又有着不可分割的联系。在地理学中，人口、企业等往往被理解为粒子，个体粒子根据自己的利益在空间的移动就是空间扩散。这种微观的过程会导致聚集、扩散和泛集聚等宏观现象。因此，在地理经济学中，集聚和扩散为区域各种经济要素的空间分布、空间结构的形成与变迁提供了系统动力学分析框架。具有空间扩散特征的现象有许多，技术扩散是其中之一。

对于技术创新扩散，熊彼特将大面积或大规模的技术创新模仿看作是技术创新扩散。而舒尔茨将创新扩散定义为通过在市场或非市场渠道的创新传导或传播。对于技术创新溢出，王玉灵和张世英的研究认为这是创新企业"非自愿"性的扩散，这破坏了创新企业对创新成果的独占性[2]。由此可以看出，空间扩散强调空间过程，可以通过市场机制或非市场机制来实现。溢出强调的是利益或损害，并且是非市场机制途径传导的经济利益或损害，是市场失效的一种现象。Monjon 和 Waelbroeck 认为从溢出的接受方来看，溢出是非完全支出获得的经济利益；从溢出方的角度看，溢出是创新主体不能直接受益的扩散[3]。从二者的联系看，溢出往往是空间扩散的后果。溢出与扩散一样会导致扩张和集聚等宏观经济地理现象。

在科研机构的布局中，区域分布的不均衡问题较为突出。对于一些经济发展水平相对落后的城市，可以靠周边城市的技术扩散来带动本地的技术发展。因此，科研机构在布局中除了考虑到对所在地的贡献，也要考虑通过技术扩散对周边城市带来的辐射效应。

4.1.3 距离衰减原理

牛顿万有引力定律在区域间、城市间以及其他地理实体之间也有表现。只是质量概念有所不同，距离形式也多种多样。随着现代社会不断发展，除人口、土地、自然资源这类生产要素外，位置、交通、信息条件也逐渐成为经济资源，并且大家开始逐渐认识到这些对区域产业布局和经济发展产生的巨大影响，主要归因于距离衰减原理。距离衰减原理认为，地理对象之间相互影响的强度与对象之间的距离成反比，即地理对象之间的距离越大，相互影响的强度越小。造成影响轻度衰减的原因是：企业运输成本随距离的增加而递增，运输距离越大，要支付的成本价格越高，受到的影响越小；距离越大，交通便利性越差，所需的其他成本和社会费用增加，社会经济效益降低，相互间影响力减少；距离越大，运输所耗费的时间成本越高，经济效益下降[4]。

在距离衰减原理的基础上，可以推导出很多产业布局规律，杜能的农业区位论、韦伯的工业区位论、高兹的海港区位论等，都可由距离衰减原理推导出来。距离衰减原理在社会实践中有很多应用，自然形成的产业区域布局会尽可能地靠近原材料产地，并且尽可能靠近交通枢纽和节点城市，尽可能地靠近需求市场所在地，为了减少由于距离造成的高成本、低效益问题，高度利用交通枢纽和节点城市的区位，节省生产成本和社会成本[4]。衰减原理包括空间相互作用模型（引力公式）、距离衰减公式和断裂点公式等，在区域规划、城市规划和商业网点规划中，也有很大的使用价值。如可用其分析原材料供应范围、市场服务范围等；也可根据交通线新建引起的空间距离变化，来预测城市和区域经济地理位置的变化。

4.1.4 增长极布局模式

增长极布局模式是基于法国经济学家弗朗索瓦·佩鲁提出的增长极理论发展而来的。佩鲁认为，经济增长会首先并集中出现在创新产业，而不会同时出现在所有产业部门。这些创新产业通常聚集在经济空间中的某些特定位置，从而形成增长极[5]。区域经济中的增长极是指在主导产业和创新产业及其空间相关产业集聚而成的经济中心。增长极具有以下特点：从产业发展上分析，增长极利用其集聚资源的影响力，与周边地区产生广泛的经济技术联系，从而成为区域产业发展的核心；从地理空间上分析，增长极通过与周围地区的空间关系成为主导经济活动的重心；从物质上分析，增长极就是区域发展的中心城市，当然，根据区域规模大小的不同，各区域的增长极大小也有不同规模[6]。

根据增长极相关理论分析，增长极主要产生支配效应、乘数效应、极化与扩散效应，从而对区域经济活动产生作用。①支配效应。增长极在区域技术和区域经济方面都非常先进，它能够通过与周边地区的要素流通和商品供求链条来对周边地区的经济活动产生影响，从而形成支配效应。总的来说就是，周边地区的经济活动随增长极的变化而变化。②乘数效应。增长极的发展对周边地区的经济发展具有示范、组织和推动作用，从而加强增长极与周边地区的经济联系。在这一过程中，受因果周期性积累的影响，增长极在周边地区经济发展中的影响作用将在周期循环中不断加强和放大，影响的范围和程度也将不断扩大。③极化与扩散效应。极化效应是指增长极的成长推动型产业不断促进、吸引和拉动周边地区的要素和经济活动往增长极发展，这加速了本省增长极的发展；扩散效应是指增长极在发展过程中会不断向周边地区输出要素和经济活动，从而促进和带动周边地区的经济发展。增长极的极化效应和扩散效应的组合效应影响被称为溢出效应。如果极化效应大于扩散效应，则溢出效应为负，其结果是有利于增长极的发展，不利于周边地区发展。相反，如果极化效应小于扩散效应，则溢出效应为正，其结果是有利于周边地区的经济发展，不利于增长极的发展。

从增长极这三个效应产生的作用可以发现：一是区域中各类产业的发展过程中，将会以增长极为核心建立区域产业结构体系；二是增长极的出现将会不可避免地打破区域原始空间经济发展平衡的状态，导致区域空间社会经济发展不平衡，增长极出现后将进一步成长和扩大，并将加剧区域空间失衡，导致区域经济发展的地区差异。由此可以看出，增长极的形成、发展、衰退和消失，都将引起区域产业结构和空间结构产生相应的变化，从而对区域经济增长产生重大影响[5]。

根据增长极理论，应将产业布局在较好的空间节点上，即把少数区位条件好的地区和少数竞争优势强的产业培育成为经济增长极，相对应的区域空间布局即为增长极布局模式。科研机构在增长极布局模式的产业布局下，应尽量与区域的产业布局相吻合，为培育区域产业成为增长极提供创新要素。

4.1.5 点轴布局模式

点轴布局模式是基于增长极布局模式开发的。区域发展的初步阶段，尽管有增长极的存在，但也还存在其他节点城市，这些地区也是社会、经济活动相对集中的区域。在区域发展过程中，增长极会通过支配效应、乘数效应、极化与扩散效应对周边节点区域产生各种影响。首先，增长极会从周边地区就近获取发展所需的各种资源和要素。客观地说，这加速释放了周边节点地区本身的经济增长潜力，在向增长极输送资源和要素的时候，也增加了周边节点地区的经济收益。其次，当增长极开发周边市场的时候，也会向周边地区扩散其发展所需要的生产资料和科学技术，给它们送去新技术、新信息、新观念，这样就在增长极发展的同时也为周边地区提供了发展机会，提高了周边地区的发展能力。第三，随着区域间经济联系的加强，增长极与周边地区的社会联系也会更加紧密，从而促进和带动周边地区发展[7]。

在增长极与周边地区之间的相互作用中，不可避免地会产生越来越多物料、人力、资金、信息和技术等要素的传输要求。通过交通运输线、电力供应线、通信线等连接后，就形成了轴线。这些轴线主要首先服务于工业集聚点，这更有利于增长极以及周边地区节点的形成和发展。轴线形成后，也将逐步改善轴线沿线地区的地区发展条件，对人才、产业也更有吸引力，逐渐往轴线区域集聚人才和产业，促进轴线沿线地区发展。轴线沿线地区的发展又会促进新的地区节点形成，这些地区节点逐步发展又形成一个密集的经济活动区域，再形成区域发展轴线[7]。

轴线形成后，由于轴线地区发展条件逐渐改善，位于轴线上的地区节点城市的规模也不断扩大。此时，将发生以下情况：增长极规模和轴线上的地区节点规模将继续不断扩大，同时整个轴线的规模也将扩大，轴线地区还会将经济和社会向外扩散，然后在新的地区和新的节点城市再逐渐重新形成新的点轴。如此，在区域中形成了不同规模等级的点和轴线。这些点轴相互链接，然后形成了分布有序的点轴空间结构[8]。在一国范围内，经济布局如何展开，从某种意义上说，就是正确地确定点轴的开发顺序。首先重点开发条件最好、潜力最大的一级轴线，然后逐步开发二级、三级轴线。在地区工业有所发展而发展程度不高、地区经济布局框架还未形成的情况下，可运用点轴开发模式来构造地区总体布局的框架。点轴开发是一种地带开发，它对地区经济发展和布局展开的推动作用要大于单纯的增长极开发。

根据点轴布局理论，产业集群会首先在条件好的几个城市形成，一般呈现点状分布特点。随着经济不断发展，工业聚集点会逐渐增加，在各点之间将发展各种交通运输线、电力供应线等，从而形成轴线。一旦轴线形成，轴线两侧的生产和生活条件都将逐渐改善，这反过来也会吸引周边地区的人力、资金、信息和技术等向轴线两侧聚集，从而产生新的工业聚集点，形成产业集群。

4.1.6 核心-边缘布局模式

核心-边缘理论是由约翰·弗里德曼（John Friedmann）提出的，他于1966年出版《区域发展政策》一书。他在书中提出，任何具有空间属性的经济体系都可以划分为核心区域和外围区域。而创新通常是从核心区域向外围区域扩散传播的。核心区域是具有比较高的创新改革能力的区域社会组织子系统，外围区域则是由核心区域根据与其的依存关系而决定的区域社会组织子系统。核心区域和外围区域共同形成了一个完整的空间系统，其中核心区域在整个空间系统中占据主导地位。核心-边缘理论试图解释两个区域空间从孤立到相互依存依赖的发展过程，并说明了区域产业结构的区域变化集聚和扩散机制。

4.2 科研机构支撑创新驱动发展机制研究

创新驱动发展战略的有效实施和良好运行是一个多因素发挥作用的系统性工程，离不开产学研等多元主体的共同努力。国家创新系统中的一个主要构成因素就是科研机构，它是实施创新驱动发展战略的重要力量。明确科研机构在创新驱动发展中的角色和功能，对于有关部门制定科技政策、实现国家和区域的创新驱动发展战略具有重要的指导意义。在创新驱动发展战略背景下，科研机构应结合区域经济的特点重新定位，全力提升科技创新能力，为区域经济的发展提供强有力的科技支撑。

在区域创新体系中，大学、科研机构与企业之间的互动合作极大地增强了区域创新能力。大学是知识传播的主体，科研机构是知识应用的主体，企业是技术创新的主体，政府则是起到调配、引导和扶持作用。大学作为知识传播的主体，其主要作用是关注人才培养、基础研究与知识创新；而企业作为创新的主体，需要短期的、快速的市场行为，这样才能形成企业的核心竞争力[9]；在大学和企业之间，则必然会存在科研机构对大学的知识创新进行二次开发与创新，使大学中产生的知识创新能够为企业所用，形成技术创新，达到理论应用于实践的目的。科研机构作为政府、高校和企业之间的桥梁和纽带，促进创新系统各参与者之间的积极互动，这不仅可以补偿系统中的薄弱环节或"漏洞"，还可以整合资源并挖掘潜力、最大化整体利益。[10]区域创新体系下科研机构的RNT模型如图4-1所示。

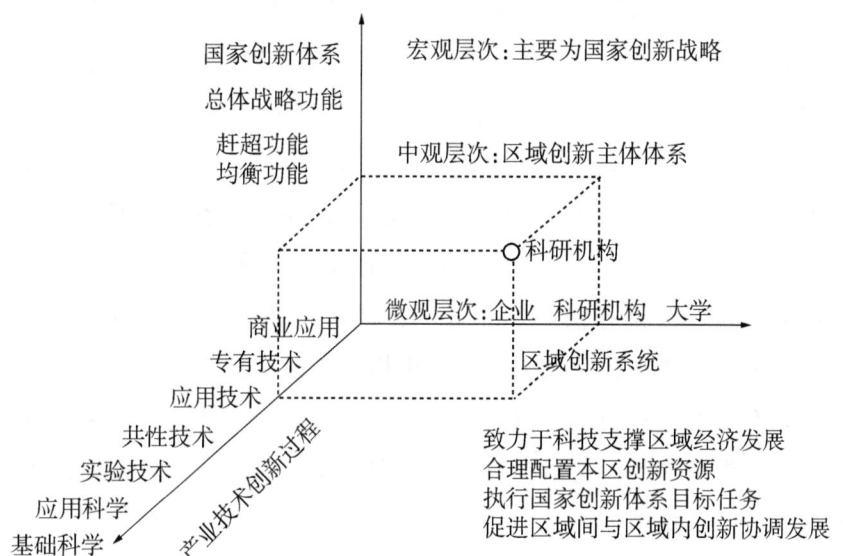

图4-1 区域创新体系下科研机构的RNT模型

注：改编自裘著燕、史会斌根据杨开泰、李纪珍研究成果整理得出模型[14]。

4.2.1 联结互动创新体系

自20世纪80年代，国家创新体系被提出以来，相关研究迅速扩散到世界各地，为了对国家创新体系进行更深入的研究，有学者又提出了区域创新体系[11]（regional innovation system，RIS），并且立即得到了学术界的重视和研究，在世界各地得以实施。区域创新体系与国家创新体系之间既有差异也有共性。

二者的差异主要有以下三点：①创新要素构成的层面和边界不同，国家创新体系是相对于国家层面，属于创新体系的宏观层面，有明确的国家边界；但区域创新体系既不同于企业创新的微观层面，也不同于国家创新的宏观层面，而是属于中观层面，带有地方性的区域特色。②创新体系的功能不同，国家创新体系最主要的功能是进行国家层面的总体战略布局，如国家的"双一流"高校建设；而区域创新体系的主要职能是根据国家创新体系分配的目标任务，配合国家创新体系建设科技基础设施、配套资源、管理投入等。③创新活动的定位有所不同，国家创新体系建设一定要全面推动创新活动的上游、中游、下游，并重点研究基础研究、战略高科技、前瞻性技术和通用技术等科学技术；但区域创新体系的主要目标则是重点着力于创新活动偏中、下游的环节，依靠区域优势资源，重点开展区域主导产业技术开发、应用和推广，提高区域主导产业的技术创新能力。

二者的共同点主要有以下两点：①它们在目标、形成、发展以及体系构成等方面都存在始终如一的联系。虽然区域创新体系和国家创新体系的利益范围和目标定位有所区别，但在我国目前的体制机制下，国家创新体系与区域创新体系都是由政府主导的，都是遵循政府原理和公众利益原则。②国家创新体系和区域创新体系是相辅相成、相互支持的。要提高区域创新体系能力，实现区域创新体系目标，需要一些重大共性关键的科学技术和基础设施平台，这当中有很多是需要并且应该由国家创新体系来组织和提供的，区域创新体系中的各个主体不具备提供这些科学技术和基础设施平台的能力和条件。[12]

从以上分析可以看出，区域创新体系与国家创新体系之间不但有相互联系的纽带，还有导致分割的缝隙。根据我国现在的发展情况，国家创新体系和区域创新体系都是统一在国家发展战略上的，但区域创新体系与国家创新体系之间仍然缺乏相互联系和互动的机制。国家创新体系与区域创新体系之间的联系目前仅仅是通过科技项目和科技创新平台形成的不连续、间断式联系，满足不了区域关于综合科技的需求。这时候更要充分发挥地方科研机构的作用，实现区域创新体系与国家创新体系之间的职能分工与互动联系，避免导致国家和区域科技资源的重复建设与浪费。

4.2.2 提供区域产业共性技术

根据美国和经济合作与发展组织（OECD）的研究，政府建设科研机构的原因，主要是基于履行政府使命、保护公共利益、弥补社会科学研究能力不足以及服务于国家经济和社会发展等[13]。1992 年，美国国家标准技术研究院的高级经济学家 G. Tassey 利用基础技术、共性技术和专有技术的分类，阐述了技术发展的"黑匣子"，他认为技术是有不同层次、类型和特征的，企业选择技术研发是从市场利益出发的，因此企业并不是都会投资到基础技术和共性技术的研发中。因为共性技术具有基础性、开放性、复杂的网络外部性以及关联性，所以很难对技术产权进行界定。李纪珍博士利用博弈论证明了共性技术在市场和组织中的双重失灵，这为政府干预技术市场研发，尤其是共性技术，提供了强大的理论基础。[14]

因此，传统国立机构的产生，也正是为了能让政府干预共性技术的研发，引导技术进步。地方性国立科研机构作为非营利事业单位属性为求发展，会主动选择区域产业共性技术及竞争前技术研发。然而在传统的国立科研机构的发展过程中，往往承担了众多的社会职能，掺杂了多种因素，导致功能定位不清，导致国立科研机构研发应用能力下降。此时，由政府主导，民间承办的新型研发机构也应运而生，弥补传统的国立科研机构在发展过程中产生的短板。新型研发机构以"研发"作为核心竞争力，从组建之日起就明确技术创新就是自身的主要业务，只有在研究开发中取得成果，才有可能在市场竞争中找到立足之地[15]。由此形成国立科研机构与新型研发机构共存并行的具有地方特色的科研机构体系，二者之间既有合作关系又有竞争关系，共同为省级区域产业提供关键共性技术支持。

4.2.3 畅通产学研合作渠道

研究开发最终追求的目标和结果是实现经济价值。从科技研究成果到产业生产、应用扩散，最后实现商业化的成果转化产业化的全过程中，如何将科研机构内部的研究开发成果转化为商业产品开发和产品市场运作是最重要的，因为在这个转化过程中，它导致研究开发的创新活动产生了质的变化，最终实现科技成果向经济成果的转变，但这同时也是我国科研活动中较为薄弱的环节。相关数据显示，我国高校有高达82%的专利未利用[16]。研究型大学和国家级科研机构都侧重于开展基础研究和国家战略层面的高技术、前瞻性技术、关键共性技术和基础技术的研究。这些研究型大学和国家级科研机构的研究成果通常以知识形态而非实质形式呈现，例如论文和专利等，大多数科研成果都还只停留在实验室的初级阶段。基础性研发在产业链的三个层次中（基础性研发，"二次开发"/应用性研发以及生产）已经做得非常成功。区域内的企业不愿为新技术开发再冒险，这时候就需要相关领域科研机构直接先行开展先进技术的应用开发和投资，并及时将科研成果转化到企业的生产、经营和管理中。所以，科研机构应积极向区域中的企业提供诸如产业急需的共性技术等"准公共物品"，充当维系研究型大学与产业界的纽带，构成二者之间的桥梁。

在以科研机构为桥梁联系研究型大学与产业界的模式下，政府、企业和高校有了明确的分工与定位。企业对市场最为敏感，在产学研合作中企业提供市场信息，并通过合作为科研机构提供资金，帮助科研机构确定研究方向，并确保其研究结果具有实际产业应用价值。而科研机构的研究成果作为反馈，优先在企业中应用，从而提高产品的技术含量，科研机构为企业提供技术支持，促进企业产品迭代升级，优化产业结构，促进产业集群转型升级。同时，科研机构还帮助企业培养技术研发人才，为企业提供人才资源。高校为科研机构进行研究提供了丰富的科研人才，科研机构从企业持有的市场信息可以确保大学科研人员的研究成果具有较好的市场前景与市场应用价值，同时对于解决大学科研研究转换周期长，科技成果转化低等长期问题也有非常好的帮助。政府在科研机构的产学研合作中也起着重要作用，政府作为决策者，可以提供良好的政策环境；作为组织者，可以在企业、大学和科研机构之间建立产学研合作的桥梁。在科研机构成立之初的资金困难时期，对于国立科研机构，政府科研投入必要的启动资金；对于新型研发机构，政府科研给以政策扶持，促进招商引资。最终，科研机构的发展将提高地方企业的科技竞争力，促进本地研究型大学的科技成果转化，最终提升地方科技竞争力[17]。

4.3 区域布局耦合度模型与理论基础

4.3.1 耦合协调度模型

耦合协调度模型借助物理中的耦合概念，体现两个系统之间的相互作用与相互影响。由于在区域创新系统中，科研机构扮演着重要的角色，科研机构创新能力必将影响区域的创新能力。因此，本著作从科研机构创新能力与区域创新能力的耦合度来考虑科研机构在区域的布局是否合理，提出如下模型（详细解释及实证分析见第五章）：

$$C = \frac{2\sqrt{Z_1 \times Z_2}}{Z_1 + Z_2},$$
$$D = \sqrt{C \times T}, \quad T = \alpha Z_1 + \beta Z_2 \tag{4-1}$$

式中，C 为 Z_1 和 Z_2 之间的耦合度；Z_1、Z_2 分别表示科研机构创新能力综合评价指数和区域创新能力综合评价指数；D 表示科研机构创新能力与区域创新的协调度；T 为科研机构创新能力与区域创新的综合协调指数；α 和 β 为 Z_1 和 Z_2 之间的协同贡献参数，其值待定，$\alpha + \beta = 1$。

4.3.2 理论基础

1. 科研机构创新能力综合评价指标体系

发达国家对科研机构的评价起步较早，一些国家已经形成了颇具特色的科研机构评价体系。德国科研机构评价主要从以下几个方面展开：科研机构开展的工作与其整体工作和研究任务的符合程度、研究工作与成果的科学价值性与独创性、所取得研究成果与投入经费之比、与其研究单位开展合作的情况，以及未来发展的可能性等。英国的科研评价系统是欧洲最为成熟的科研机构评价体系，评价内容有科研环境、科研人员情况、论著及其他产出成果、外部项目收入情况、常规考察及附加信息等。加拿大科研机构评价的目的是提高自身研究开发能力和项目执行能力，评价的内容涵盖范围较全面，涉及科研机构外部环境评价、内部运作评价、机构动机评价，以及领导机构评价。具体指标包括政策、管理、经济、社会文化、外部需求等外部环境因素，任务完成程度、资源有效利用程度等科研机构内部运作评价指标，科研机构的历史、任务、文化、奖励机制等动机评价指标，战略领导层、基本资源情况、项目管理能力等领导机构评价指标。法国以使国家能有效地管理科研机构为评价目的，科研机构评价内容为发展方向、内部机构设置的合理性、科研课题、国家科研投入，以及科研人员的称职程度等。美国、日本的科研机构评价是从科技人员、研究计划与课题、产出成果效率等方面展开评价。以上科研机构评价的内容与指标体系存在一个相似之处：大多是从系统角度，按科研机构科技活动的输入、处理、输出、接收等过程进行评价。

2. 区域创新能力综合评价指标体系[18]

区域创新能力评价指标体系可以更加直观、客观地反映和评价区域的综合创新能力，同时还可以利用评价指标体系的子指标对城市进行单方面的创新能力评价，这有助于厘清区域内各个城市的创新功能合理分工，通过合理分配区域内的创新资源和政策资源，强化区域创新优势，从而提高整个大区域的创新能力。由于每个地区的自然环境、历史文化及经济社会发展程度都不同，各个地区的创新发展也因此形成了不同的特点，导致很难有统一而唯一的评价指标体系适用于世界各地。所以不同国家和地区都会不断调整评价体系的指标，最后调整出适合本区域的创新能力评价指标体系。

国际上得到公认并且相对典型完善的区域创新能力评价指标体系主要有以下几种：

（1）由欧盟发布的《欧洲创新记分牌》。其建立的创新指标主要是将欧洲成员国和美国、日本等创新实力强劲的国家作定量比较。统计分析数据主要来源于欧盟创新调查（CIS）、欧盟统计局（Eurostat）等组织的创新调研和经济合作与发展组织（OECD）统计的研发活动数据。欧盟发布的创新指标可以分为创新驱动、企业创新、知识产权、知识创造、技术应用等五大类，其中包括科学与工程类毕业生占20～29岁人口比重、宽带普及率、企业R&D支出占GDP比重等26个指标。

(2) 全球创新指数。主要是从制度和政策评估、创新驱动、基础设施建设、商业和市场的成熟度等角度对全球创新能力进行评价，其数据主要来自国际顶尖商学院——欧洲工商管理学院（INSEAD）。

(3) 《国际竞争力年度报告》。主要是从国家经济、国际化程度、政府管理、金融、基础设施、管理、科学技术、国民素质等指标来对区域创新能力进行评价，其数据主要来自瑞士洛桑国际管理学院。

我国具有较大影响力的是《中国区域创新能力报告》，该报告认为中国区域创新能力评价可以从知识创新、知识途径、企业创新、创新环境和创新的经济效益等五个角度进行评价。谷国锋和滕福星结合区域创新的内涵、结构和运行机制，评价了对区域创新能力影响最大的五类关键指标[19]。朱海就认为，区域创新能力是由网络、企业和创新环境区域三方面的创新能力构成的[20]。邹学如、孙惠芬与陈海波根据现有国内外对区域创新能力的研究，选择了区域创新能力实力、区域企业技术创新、区域创新环境和区域创新能力绩效共四个一级指标，并对构建的指标体系进行因子分析和聚类分析[21]。焦晓松、杨茜与曹颖琦根据科技活动的一般规律和特征，考虑数据的可获取性，设计出了包括R&D直接投入、技术引进和技术溢出、经济基础和文化教育水平、R&D直接产出等几项指标构成的评价指标体系[22]。韩丽等构建了包括知识创新能力、技术创新能力、政府行为能力和宏观社会环境四方面的城市创新能力指标体系[23]。

4.4 行业布局耦合度模型与理论基础

4.4.1 匹配度模型

产业结构的转型升级和产业结构高级化与创新驱动有着紧密的联系，科研机构在行业中的分布在一定程度上影响着产业结构的变化。本著作根据科研机构与地区行业之间的耦合度来评价科研机构的行业布局的合理性。

因此,引入功效函数和耦合度模型来进行评价(详见第六章):

$$U_s = \sum_{j=1}^{n} \lambda_{sj} u_{sj} \quad (4-2)$$

式中,U_s 为 s 子系统的综合评价指数;λ_{sj} 为第 s 个子系统第 j 个指标的权重,其大小通过主成分分析的方法确定;u_{sj} 为第 s 个子系统第 j 个指标。

利用上述公式得到耦合模型:

$$C = 2 \times \sqrt{(U_1 \times U_2)/[(U_1 + U_2)^2]}$$

式中,C 表示科研机构与行业两系统的耦合程度;U_1 代表科研机构的综合评价水平;U_2 代表行业发展的综合评价水平。

4.4.2 产业集群创新机制[24]

科研机构在不同行业分布有利于促成产业集群,推动创新发展。科研机构在产业集群促进创新实现机制中扮演着促进集体学习的角色。集体学习的含义是,多个学习主体集合在一起,并共同学习的过程。弗里曼将集体学习称为"互动式学习",并且着重强调互动式学习是产生创新的重要方式。从产业集群角度来说,集体学习就是产业链上的供应商、生产商、用户、科研机构和金融机构之间开展持续交流,并通过集体学习这一渠道,各方及时获取市场行情和新的技术信息,在集体学习的互动过程中碰撞产生出创新的火花。

同行企业或同类机构之间的集体学习促进了技术创新的横向整合。由于同行之间有明显的竞争和利益冲突,因此让同行有意识地合作相对困难。但是如果每个人都面临相同的严峻挑战或相同的有吸引力的创新机会,就没有公司愿意花费相应的资源来开展自主创新活动,因此为了降低风险,集体学习成为他们的选择。通过这种协作学习,同行可以共享创新活动的成果并提高其在各自企业的价值创造能力,从而优化企业价值链。除了有意识的合作外,还应考虑在同行之间进行非正式的知识共享。这些方法也会将创新者的知识传播给同行,同行将其与现有的知识基础结合后,可以促进新的创新。一般而言,如果可以通过第三方来促进集体学习会更有效。

总之，科研机构在行业的机制布局增强了设施共享与各行为主体之间技术、人才、信息的流动，也为集体学习提供了便利，改进了区域创新的环境。地理邻近与集体学习也促使区域转向学习型区域，产生聚集效应。聚集效应生成新事物，新事物促进创新系统演变、进化，从而促进创新系统不断演进与发展。

参考文献

[1] 石向荣. 区域产业集群培育对策研究 [D]. 武汉：华中科技大学，2005.

[2] 王玉灵，张世英. 技术创新溢出机制的研究与建模 [J]. 系统工程理论方法应用，2001 (4)：337－341.

[3] MONJON S, WAELBROECK P. Assessing spillovers from universities to firms: evidence from French firm-level data [J]. International Journal of Industrial Organization, 2003 (9): 1255－1270.

[4] 崔开俊. 新沂城市圈构建的实证研究 [D]. 南京：南京师范大学，2009.

[5] 冯春华. 东北老工业基地调整和改造模式研究 [D]. 长春：长春理工大学，2004.

[6] 谭玉刚. 北京市中心城区人口分布的空间结构研究 [D]. 北京：北京大学，2011.

[7] 徐秋实. 榆林市产业发展与城镇空间结构演化关系研究 [D]. 西安：西安建筑科技大学，2006.

[8] 罗黎. 从区域空间结构看乌昌经济一体化的发展 [J]. 新疆师范大学学报（自然科学版），2006 (3)：132－136.

[9] 史书铄. 大学科技园在区域创新体系中的功能定位及发展对策——以齐鲁大学科技园为例 [J]. 中共济南市委党校学报，2018 (3)：121－124.

[10] 欧舒婕，沈红. 非营利科研机构在科技创新体系中的定位与作用研究 [J]. 价值工程，2009，28 (8)：57－59.

[11] 王春法. 关于国家创新体系理论的思考 [J]. 中国软科学，2003 (5)：99－104.

[12] 杨忠泰. 区域创新体系与国家创新体系的关系及其建设原则 [J]. 中国科技论坛，2006 (5)：42－46.

[13] 张义芳. 政府科研机构的组织特性、功能作用与体制变革 [J]. 中国科技论坛，2011 (8)：5－10.

[14] 裘著燕，史会斌. 地方综合科研机构在区域创新体系中的定位及作用研究：第五届中国科技政策与管理学术年会暨研究会理事会论文集 [C]. 西安：中国科学学与科技政策研究会，2009：852－869.

[15] 廖颖宁. 我国新型研发机构探析——以广东为例 [J]. 中国科技产业，

2016（8）：70-76.

[16] 国务院发展研究中心企业研究所课题组. 破解创新链中的"瓶颈"问题[N]. 经济日报，2014-07-01（14）.

[17] 连燕华，马晓光. 我国产学研合作发展态势评价[J]. 中国软科学，2001（1）：54-59.

[18] 国子健. 都市圈城市创新能级对研发机构空间分布影响研究——基于南京都市圈与苏锡常都市圈的案例研究[D]. 南京：东南大学，2016.

[19] 谷国锋，滕福星. 区域科技创新运行机制与评价指标体系研究[J]. 东北师大学报（哲学社会科学版），2003（4）：24-30.

[20] 朱海就. 区域创新能力评估的指标体系研究[J]. 科研管理，2004，25（3）：30-35.

[21] 邹学如，孙惠芬，陈海波. SPSS软件在江苏区域创新能力评价中的应用[J]. 商场现代化，2006（35）：257-258.

[22] 焦晓松，杨茜，曹颖琦. 基于主成分分析的自主创新能力综合评价研究[J]. 商场现代化，2007（6）：46-47.

[23] 韩丽，吕拉昌，韦乐章，等. 广东城市创新空间体系研究[J]. 经济地理，2010（12）：1978-1984.

[24] 王缉慈，等. 创新的空间——企业集群与区域发展[M]. 北京：北京大学出版社，2001.

第 5 章

广东科研机构区域布局分析

5.1 总体区域布局

5.1.1 科研机构主要集中于珠三角地区

广东科研机构在区域上的分布与社会经济发展是一致的。由于珠三角地区经济发展总体水平和增速一直高于广东全省平均水平，珠三角与粤东西北的区域发展严重失衡，2018 年粤东西北地区的 12 个市仅占全省 GDP 的 20% 左右。经济发展使得更多科研机构集聚在珠三角地区，故处于经济发展"边缘"的粤东西北地区的科研机构发展较为薄弱。根据《广东科技年鉴（2017 年）》的相关统计资料，2016 年度县属以上科研机构共 197 家，其中省级部门属科研机构 70 家（含挂牌单位），副省级城市属 22 家，地方级部门属 83 家，中央部门属 22 家。广东新型研发机构共有 219 家，广东省实验室共 10 家（多地区协同共建的按 1 家计算）。广东省属科研机构、新型研发机构和省实验室地区分布情况如表 5-1 所示。

表 5-1 广东省属科研机构、新型研发机构和省实验室地区分布情况

单位：家

区域		政府类科研机构数	新型研发机构数	省实验室	合计
珠三角地区	广州	101	52	4	157
	深圳	6	41	4	51
	佛山	3	31	2	36
	东莞	8	25	1	34
	珠海	7	14	1	22
	中山	3	11	0	14
	惠州	7	9	1	17
	江门	3	6	0	9
	肇庆	5	2	1	8
	小计	143	191	14	348

续表

区域		政府类科研机构数	新型研发机构数	省实验室	合计
粤东西北地区	韶关	7	3	0	10
	汕头	9	10	1	20
	湛江	11	1	1	13
	茂名	8	1	1	10
	梅州	5	0	0	5
	汕尾	3	4	1	8
	河源	2	2	0	4
	阳江	1	1	1	3
	清远	0	1	0	1
	潮州	2	1	1	4
	揭阳	4	2	1	7
	云浮	2	2	2	6
	小计	54	28	9	91
合计		197	219	23	439

广东省属科研机构和新型研发机构的区域分布情况如图5-1所示，显然，目前科研机构主要集中分布在广东经济比较发达的珠三角地区，特别是广州、深圳、佛山和东莞四地，而粤东西北地区只有82家，占比19.7%。

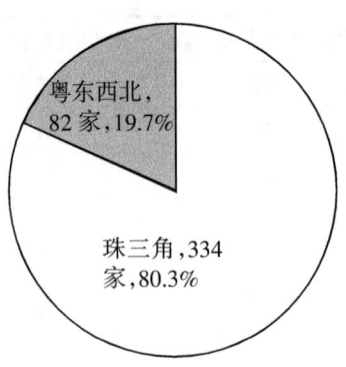

图5-1 广东省属科研机构和新型研发机构区域分布情况

珠三角地区的科研机构分布又形成以广州为龙头，深圳、佛山、东莞快速发展，其他城市逐步跟进的布局。广州作为省会城市，集聚高校资源,加上如省属科研机构和中科院在粤科研机构这类传统国家科研机构基本落地在广州。作为产业变革与科技革命历史交汇催生的新的研发组织形式,新型研发机构在珠三角地区的分布相比传统国家科研机构更趋合理,形成以广州、深圳为龙头,其他地市联合跟进的发展格局,有力地支撑了珠三角地区经济社会发展。

广东省实验室共10家,也主要分布在珠三角地区。10家省实验室13个主体实验室建设城市中,珠三角城市共11个,占比达84.6%。除了主体实验室外,部分省实验室还采取"主体+分中心"的模式,充分结合优势产业及创新资源地区分布,在潮州、揭阳、茂名、云浮等地建立分中心,一定程度上促进了科研机构在珠三角与粤东西北地区分布更加平衡。广东省实验室建设地区分布情况如表5-2所示。

表5-2 广东省实验室建设地区分布情况

广东省实验室	建设地区
再生医学与健康广东省实验室	广州
网络空间科学与技术广东省实验室（鹏城实验室）	深圳
先进制造科学与技术广东省实验室（季华实验室）	佛山
材料科学与技术广东省实验室（松山湖材料实验室）	东莞
化学与精细化工广东省实验室	汕头承建,潮州、揭阳设立分中心
南方海洋科学与工程广东省实验室	广州、珠海、湛江同步建设推进
生命信息与生物医药广东省实验室	深圳
岭南现代农业科学与技术广东省实验室	广州承建,深圳、茂名、肇庆、云浮设立分中心
先进能源科学与技术广东省实验室	惠州承建,阳江、佛山、云浮、汕尾设立分中心
人工智能与数字经济广东省实验室（广州）、（深圳）	广州、深圳联合共建

5.1.2 传统科研机构主要集中于广州

截至2016年底,广东省属科研机构共66家,其中三分之二左右由广东省人民政府、广东省科学院、广东省农业科学院、广东省广业检验检测集团有限公司主管,其他由广东省科学技术厅、广东省科技服务业研究院、广东省生产力促进中心等17家省级政府单位主管。除广东省广业科技集团有限公司主管的广东省大埔陶瓷工业研究所设立在梅州市,广东省陶瓷研究所设立在汕头市外,其他所有省属科研机构都在广州(详见附录表1)。

广东省科学院成立于1978年1月,2015年6月28日广东省委、省政府整合相关创新力量和创新资源,组建成立新的广东省科学院。新的广东省科学院由原广东省科学院、广东省工业技术研究院(广州有色金属研究院)、广东省测试分析研究所(中国广州分析测试中心)、广东省石油与精细化工研究院等研究院所整合组建而成。广东省科学院组建前身机构介绍如表5-3所示。

表5-3 广东省科学院组建前身机构介绍

广东省科学院组建前身机构	机构历史沿革
广东省工业技术研究院	广东省工业技术研究院是以广州有色金属研究院为基础组建的。广州有色金属研究院成立于1971年,是根据周恩来总理批示成立的华南地区最大的从事资源综合利用及新材料研究开发的科研机构,先后隶属于原冶金工业部、中国有色金属工业总公司、国家有色金属工业局,1999年7月划归广东省人民政府管理。2010年3月经广东省机构编制委员会批准组建了广东省工业技术研究院,并保留广州有色金属研究院名称
广东省测试分析研究所	广东省测试分析研究所成立于1972年,其前身是成立于1960年的广东省中心实验站。1985年,经国家科委和广东省人民政府批准,在省测试分析研究所的基础上建立了国家级的分析测试中心——中国广州分析测试中心
广东省石油与精细化工研究院	广东省石油与精细化工研究院的前身是1964年成立的广东省化学工业研究所,1993年更名为广东省石油化工研究院。2015年随机构划转至广东省科学院,更名为广东省石油与精细化工研究院

资料来源:广东省工业技术研究院、广东省测试分析研究所、广东省石油与精细化工研究院官网。

广东省农业科学院是广东省人民政府直属事业单位,成立于1960年,前身是1930年由著名农学家丁颖教授创办的中山大学稻作试验场及1956年成立的华南农业科学研究所。下设水稻、果树、蔬菜、作物、植物保护、动物科学、蚕业与农产品加工、农业资源与环境、动物卫生、农业经济与农村发展、茶叶、环境园艺等12个研究所和农业科研试验示范场、农产品公共监测中心和农业生物基因研究中心共15个科研机构。

广东省广业检验检测集团有限公司（曾用名：广东省广业科技集团有限公司）成立于2013年4月16日，是广东省广业集团有限公司的全资子公司。广东省广业集团有限公司由省冶金工业总公司、省建材工业总公司、省煤炭工业总公司、省纺织工业总公司、三联集团有限公司、中国南海石油联合服务总公司、省经协集团公司、省机电设备招标局，以及省政府办公厅、原省环保局、原省经委、原省计委、原省科委、原省专利局等6个部门的脱钩企业组建而成，于2000年9月8日正式挂牌运作。广东省广业检验检测集团有限公司下属有18家成员企业，其中包括10家研究院所，为省属科研机构。

中国科学院在粤机构共7家，其中6家在广州，1家（深圳先进技术研究院）在深圳。其中中国科学院广州分院于1956年筹建，1958年12月成立。1961年广州分院与武汉分院合并成立中南分院。1969年中南分院撤销。1978年5月恢复广州分院。广州分院为中科院机关派出机构，联系中科院在广东的其他6家科研机构、2家企业，以及在湖南和海南的2家科研机构。

由此可见，广东传统国家科研机构——省属科研机构和中科院在粤科研机构基本集中在广州，且主要分布在广州的天河区和越秀区。这最根本的原因就是广东省省会为广州，而越秀区和天河区分别是广州过去和现在的市中心。省属科研机构的主管单位都是各省级政府单位，过去为便于直接管理，下属科研机构基本都设立在省会城市广州，且广州是全省拥有最多高校资源的城市。而中科院在粤科研机构大多成立时间较早，也多数选择在省会城市所在地设立机构。中科院深圳先进技术研究院为中国科学院、深圳市人民政府及香港中文大学共同建立的，深圳毗邻香港，落地在深圳发展有助于发挥深圳和香港的科研创新协同优势。梅州市大埔县是历史上中国"四大瓷都"之一，大埔陶瓷以"白如玉、明如镜、薄如纸、声如磬"的特点饮誉中外,旧时就有"北有瓷都景德镇,南有高陂白玉城"的说法。因此,广东省广业科技集团有限公司主管的广东省大埔陶瓷工业研究所设立在梅州市大埔县。广东省陶瓷研究所设立在汕头市,也是类似的原因。

近年来,随着广东创新驱动发展战略的深入实施,各地市产业转型升级不断深化,省属科研机构和中科院在粤科研机构也逐步在各地市建立产业技术创新与育成中心、技术转移中心以及建设重大科技基础设施平台等科研机构,优化科研机构区域布局。例如,中国科学院已在东莞建成中国散裂中子源,惠州"十二五"国家重大科技基础设施"强流重离子加速器装置"(HIAF)项目和江门中微子实验站正在建设;深圳合成生物和脑解析模拟装置已获批并正在筹建;等等。

5.1.3 新型研发机构区域分布趋于合理

广东新型研发机构的发展历程大致可分为深圳萌芽阶段(1999年以前)、深圳成长阶段(1999—2004年)、星火燎原阶段(2005—2009年)、百花齐放阶段(2010—2014年)和政策激励阶段(2015年至今),起步于20世纪末期,2008年国际金融危机后进入蓬勃发展时期,广东新型研发机构创办时间分布情况如图5-2所示。

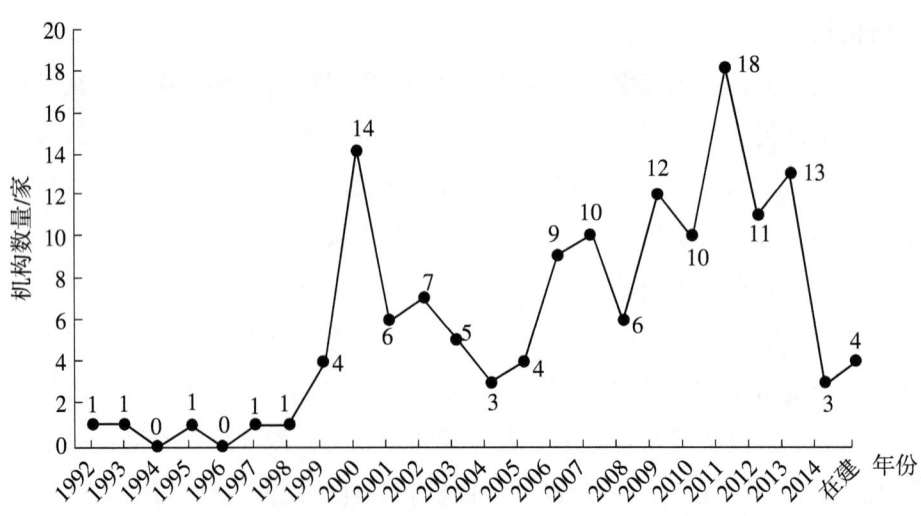

图5-2 广东新型研发机构创办时间分布情况[1]

截至2017年12月,经广东省政府批准认定的新型研发机构共有219家,主要集中在珠三角地区。其中珠三角地区有191家,占比87.2%;粤东西北地区的新型研发机构数量也有了显著提升,机构数量达到28家。2015—2017年,粤东西北新型研发机构数量占比分别为8.9%、10.6%、12.8%,呈现逐步上升趋势。广东省新型研发机构数量前五名的城市依次为:广州、深圳、佛山、东莞、珠海(见图5-3)。新型研发机构地市覆盖率为95%,仅有梅州市还没有新型研发机构。汕头作为粤东地区新型研发机构数量最多的地市,在全省排名第7位。

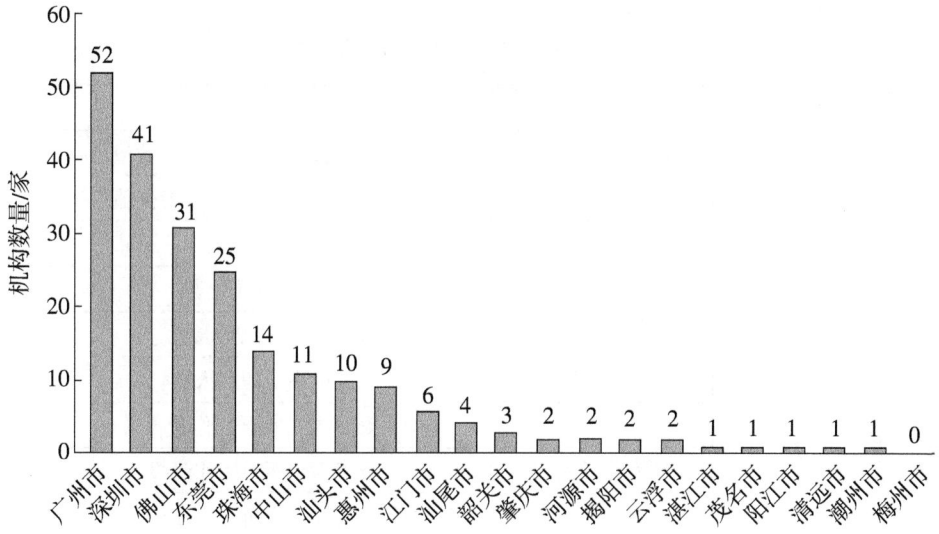

图5-3 广东各地市新型研发机构数量分布图

5.2 广东科研机构区域布局耦合协调度实证测量

5.2.1 评价指标体系构建

1. 科研机构创新能力评价指标体系的构建

科研机构创新能力是科研机构通过获取知识,产生新技术、新工艺、新服务、新的生产组合的能力。科研机构创新能力是科研机构在科技创新活动中表现出来的一种综合能力,它实现了科技创新资源向科技创新能力的转变,是科技创新活动、产出等多种能力要素的组合,是一种系统能力。国外对科研机构的评价研究大多从系统的角度,按科研活动的输入、处理、输出、接受等过程进行评价,国内大多数学者从创新资源、创新活动及社会职能角度进行研究分析。本著作借鉴张卫国等构建的广东省属科研机构创新能力综合评价指标体系,从科研机构的创新基础能力、创新投入能力和创新产出能力评价政府类科研机构,具体评价指标体系如表5-4所示。[2]

表5-4 科研机构创新能力评价指标体系

一级指标	二级指标	三级指标
创新基础能力	机构基础	县部门以上属科研机构数量
		年末机构科研仪器设备价值
	人才基础	本科学历人数
		硕士学历人数
		博士学历人数
		中高级职称人数
创新投入能力	人才投入	R&D人员折合工作量投入
		技术人员折合工作量投入
		其他辅助人员折合工作量投入
	财力投入	R&D经费投入
		生产经营投入
	课题投入	R&D课题数
		其他课题数
创新产出能力	论著产出	一般科技论文数
		高水平论文数(国外论文)
		科技专著数
	专利产出	专利申请数
		专利授权数

2. 区域创新能力评价指标体系的构建

区域创新能力是区域竞争力的决定因素之一,借鉴万勇从区域创新投入、区域创新产出、技术扩散和区域创新环境四个方面研究区域创新能力[3]，易平涛等从创新投入、创新产出和创新环境三个方面以及企业、大学及科研机构、中介机构及地方政府三个层面构建区域创新能力的研究指标体系[4]，本研究根据系统性、可行性、代表性等原则，充分考虑广东发展实际，构建了广东省区域创新能力评价指标体系，如表5-5所示。

表5-5 区域创新能力评价指标体系

一级指标	二级指标
区域创新投入	R&D 经费投入
	R&D 经费占 GDP 比重
	科学技术支出占财政支出比重
	规模以上工业企业 R&D 人员
区域创新产出	每万人口专利申请数
	每万人口专利授权数
	技术交易市场成交额
	高新技术企业数
	工业高新技术产品产值占工业总产值比重
区域创新环境	人均 GDP
	外商直接投资占 GDP 比重

3. 数据标准化处理及权重的确定

（1）数据来源。由于《广东科技年鉴（2017）》的最新数据只到2016年，因此本次实证研究以2016年为基准进行分析。科研机构创新能力指标的数据主要来源于《广东科技年鉴（2017）》中2016年的数据，区域创新能力指标的数据主要来源于《广东统计年鉴（2017）》、各地市统计年鉴、统计网站中2016年的数据。

（2）数据的标准化处理。评价指标体系中的各个评价指标，由于其量纲、经济意义、表现形式以及对总目标的作用趋向各不相同，不具有可比性，必须对其进行无量纲化处理、消除指标量纲影响后才能计算综合评价结构，这就是数据的无量纲化，也即数据的标准化处理。在本章的分析中，无论是科研机构创新能力评价指标还是区域创新能力评价指标的值越高，科研机构创新能力和区域创新能力就越强，因此本文将采取离差标准化（min-max 标准化）的方法，以［min-max］对原始数据进行线性变换，使结果落到［0，1］区间。对各指标原始数据进行变换的方法如下：

$$Y_{i,j} = \frac{X_{i,j} - X_{\min}}{X_{\min} - X_{\max}}, (i = 1, 2, 3, \cdots, m) \quad (5-1)$$

式中，i 表示第 i 项指标数据，j 表示广东省各地市，m 表示指标个数，$Y_{i,j}$ 表示对应指标 $X_{i,j}$ 的标准化值，$X_{\min}$、$X_{\max}$ 分别为该指标广东省 21 个地市所有数据中的最小值和最大值。

（3）指标权重的确定。在评价指标体系中，不同指标对最终的评价结果的影响程度是不一样的。因此，在对数据进行标准化处理后，需要根据权重对广东各地市的科研机构创新能力和区域创新能力计算综合评价得分。德尔菲法、层次分析法、相关矩阵赋权法、变异系数法、熵值法等都是常见的确定权重的方法。德尔菲法（又称专家评议法）是一种专家调查法，通过通信方式分别将研究问题或研究成果单独发送到各个专家手中，征询意见，然后回收汇总全部专家的意见，并整理出综合意见。随后将该综合意见和预测问题再分别反馈给专家，再次征询意见，各专家依据综合意见修改原有的研究成果，然后再汇总，多次反复后可征得较为一致的各方专家的意见和建议。这种方法与层次分析法均具有很强的主观性。相关矩阵赋权法、变异系数法和熵值法都是客观量化的方法，但相关矩阵赋权法可操作性不强，计算过程也相对复杂。变异系数法与熵值法具有更强的操作性，过程相对简便。但熵值法与变异系数法相比，可以通过实际数据得到指标的最优权重。因此，本著作采用客观性较强，且具有可操作性的熵值法对指标权重进行确定。

熵值法的基本原理是根据各指标数据的变异程度所反映信息量的大小来确定权重。如果指标提供的信息量越大，信息的无序度就越低，在综合评价中信息的效用度就越大，因此赋予较高的权重。反之，信息量越小，信息的无序度则越高，相应的指标权重越小。[5]

首先计算 j 地区第 i 指标的贡献度，n 表示广东省 21 个地市，计算公式为：

$$P_{i,j} = \frac{Y_{i,j}}{\sum_{j=1}^{n} Y_{i,j}}, (j = 1, 2, \cdots, n) \quad (5-2)$$

然后计算熵值，计算公式为：

$$S_j = -K \sum_{i=1}^{n} P_{i,j} \ln P_{i,j} \quad (5-3)$$

其中 $K = \frac{1}{\ln n}$，K 为常数，若 $P_{i,j}$ 为 0，则用 0.000 01 替代。

由此得到信息熵（$d_j = 1 - S_j$），将其代入熵权公式最终得到指标 $Y_{i,j}$ 的权重，计算公式为：

$$W_j = \frac{d_j}{\sum_{j=1}^{m} d_j} \quad (5-4)$$

根据熵值法计算得出的科研机构创新能力指标和区域创新能力指标的熵值及权重分别如表 5-6 和表 5-7 所示。

表 5-6 科研机构创新能力评价指标熵值及其权重

一级指标	二级指标	三级指标	熵值	权重
创新基础能力	机构基础	县部门以上属科研机构数量	0.6747	0.0247
		年末机构科研仪器设备价值	0.2080	0.0601
	人才基础	本科学历人数	0.3619	0.0484
		硕士学历人数	0.2783	0.0547
		博士学历人数	0.1921	0.0613
		中高级职称人数	0.3063	0.0526
创新投入能力	人才投入	R&D 人员折合工作量投入	0.2070	0.0601
		技术人员折合工作量投入	0.1933	0.0612
		其他辅助人员折合工作量投入	0.2341	0.0581
	财力投入	R&D 经费投入	0.2032	0.0604
		生产经营投入	0.1272	0.0662
	课题投入	R&D 课题数	0.1563	0.0640
		其他课题数	0.3564	0.0488

续表

一级指标	二级指标	三级指标	熵值	权重
创新产出能力	论著产出	一般科技论文数	0.2774	0.0548
		高水平论文数（国外论文）	0.2425	0.0574
		科技专著数	0.1613	0.0636
	专利产出	专利申请数	0.3116	0.0522
		专利授权数	0.3198	0.0516

表 5-7 区域创新能力评价指标熵值及其权重

一级指标	二级指标	熵值	权重
区域创新投入	R&D 经费投入	0.5901	0.1919
	R&D 经费占 GDP 比重	0.8826	0.0550
	科学技术支出占财政支出比重	0.8660	0.0627
	规模以上工业企业 R&D 人员	0.6640	0.1573
区域创新产出	每万人口专利申请数	0.7760	0.1049
	每万人口专利授权数	0.8030	0.0922
	技术交易市场成交额	0.5958	0.1893
	高新技术企业数	0.9160	0.0393
	工业高新技术产品产值占工业总产值比重	0.7705	0.1074
区域创新环境	人均 GDP	0.5901	0.1919
	外商直接投资占 GDP 比重	0.8826	0.0550

4. 综合评价结果

根据各指标权重结果，采用线性加权法计算得出广东 21 个地市科研机构创新能力和区域创新能力综合评价得分。计算公式如下：

$$Z_1(Z_2) = \sum_{i=1}^{m} W_{i,j} Y_{i,j}, (i = 1, 2, 3, \cdots, m; j = 1, 2, \cdots, n) \quad (5-5)$$

式中，Z_1、Z_2 分别表示科研机构创新能力综合评价指数和区域创新能力综合评价指数。由表 5-6 和表 5-7 的数据结果及式（5-5），可计算得出广东省科研机构创新能力和区域创新能力的综合评价得分，计算结果如表 5-8 所示。

表5-8 广东省科研机构创新能力和区域创新能力综合评价得分

地区	科研机构创新能力评价得分	区域创新能力评价得分
广州市	100.00	56.89
韶关市	0.56	5.76
深圳市	17.16	92.03
珠海市	1.08	40.49
汕头市	0.81	8.09
佛山市	0.36	32.71
江门市	0.26	14.50
湛江市	3.37	3.22
茂名市	0.44	3.32
肇庆市	0.36	7.79
惠州市	0.77	22.75
梅州市	0.50	2.14
汕尾市	0.08	1.92
河源市	0.06	4.04
阳江市	0.12	4.22
清远市	0.00	4.19
东莞市	1.76	37.68
中山市	0.29	36.88
潮州市	0.16	6.46
揭阳市	0.55	2.95
云浮市	0.10	3.27

广州作为广东省省会城市，全省政府类科研机构，包括省属、市属和央属科研机构，197家有101家在广州，占比51.27%。所以，各项指标值的极大值都是广州的指标数据，且与其他地市指标数据差距较大，因此除广州外，其他地市科研机构创新能力评价得分偏低。区域创新能力评价得分方面，深圳、广州、珠海、东莞、中山、佛山等地评价得分较高，这与地区经济发展水平相符合。

5.2.2 耦合协调度模型测算

1. 耦合协调度模型构建

耦合的概念最先出现在物理学中，它所体现的是系统与系统之间通过彼此的相互作用互相影响。耦合度是对不同系统耦合程度的定量描述。科研机构与区域创新之间存在着相互关联的互动效应，通过对科研机构与区域创新两大系统耦合度的定量测度，实证分析两者之间的互动程度。

由于科研机构创新能力与区域创新发展存在交错性和不平衡性，所以是有可能出现两个指标的发展水平都很低，但却高度耦合的情况。因此，为更好地评价科研机构与区域创新的关系，构建耦合协调度模型对这两个指标进行定量评价。具体公式见式（4-1）：

$$C = \frac{2\sqrt{Z_1 \times Z_2}}{Z_1 + Z_2},$$

$$D = \sqrt{C \times T}, \ T = \alpha Z_1 + \beta Z_2$$

式中，C 为 Z_1 和 Z_2 之间的耦合度；Z_1、Z_2 分别表示科研机构创新能力综合评价指数和区域创新能力综合评价指数；D 表示科研机构创新能力与区域创新的协调度；T 为科研机构创新能力与区域创新的综合协调指数；α 和 β 为这 Z_1 和 Z_2 之间的协同贡献参数，其值待定，$\alpha + \beta = 1$。考虑到区域创新能力受多种因素综合影响，而科研机构创新能力仅是影响因素之一，因此，将科研机构创新能力贡献参数 α 定为 0.4，区域创新能力 β 定为 0.6。

国内目前没有关于科研机构创新能力和区域创新能力耦合协调度的相关研究，但在其他领域已有较多学者进行相关研究，并对耦合协调度的等级进行划分。目前学者对耦合协调度等级的划分较为统一。根据吴玉鸣等[6]、蒋天颖等[7]、马丽等[8]学者的研究，可以将耦合协调度划分为四个层次区间，其等级划分标准如表 5-9 所示。

表 5-9 耦合协调度等级划分标准

取值范围	耦合协调度等级
$0 < D \leq 0.3$	低度耦合协调
$0.3 < D \leq 0.5$	中度耦合协调
$0.5 < D \leq 0.8$	高度耦合协调
$0.8 < D \leq 1$	极度耦合协调

2. 测量结果及分析

根据科研机构创新能力综合评分与区域创新能力综合评分结果，再利用耦合协调度计算公式，最终计算得出广东省科研机构创新能力与区域创新能力的耦合协调度及等级如表 5-10 所示。

表 5-10　广东省科研机构创新能力与区域创新能力耦合协调度及等级

地区	耦合协调度	耦合协调度等级
广州市	0.8443	极度耦合协调
韶关市	0.1446	低度耦合协调
深圳市	0.6722	高度耦合协调
珠海市	0.2805	低度耦合协调
汕头市	0.1726	低度耦合协调
佛山市	0.2026	低度耦合协调
江门市	0.1522	低度耦合协调
湛江市	0.1811	低度耦合协调
茂名市	0.1181	低度耦合协调
肇庆市	0.1407	低度耦合协调
惠州市	0.2229	低度耦合协调
梅州市	0.1078	低度耦合协调
汕尾市	0.0681	低度耦合协调
河源市	0.0767	低度耦合协调
阳江市	0.0920	低度耦合协调
清远市	0.0000	—
东莞市	0.3103	中度耦合协调
中山市	0.1978	低度耦合协调
潮州市	0.1100	低度耦合协调
揭阳市	0.1204	低度耦合协调
云浮市	0.0824	低度耦合协调

根据上述结果可得出以下结论：

(1) 广东各地市科研机构创新能力与区域创新能力之间的耦合协调程度普遍偏低。从数据上看，2016 年广东 21 个地市，有 17 个地市科研机构与区域创新能力的耦合协调度处于低度等级。科研机构与区域创新的协作还不够强，科研机构发展创新能力的过程中未与区域创新发展形成良好的机制，区域创新的发展也未引导科研机构的发展，科研机构与区域创新未能达到最佳的耦合模式。科研机构创新能力与区域创新能力之间的耦合协调度区域排序如图5-4所示，耦合协调度最高的是广州，其次是深圳。广州作为省会城市，集聚大量科研机构，对于科研机构的创新发展如何与区域创新更好地协同有丰富的经验，因此走在全省前面。

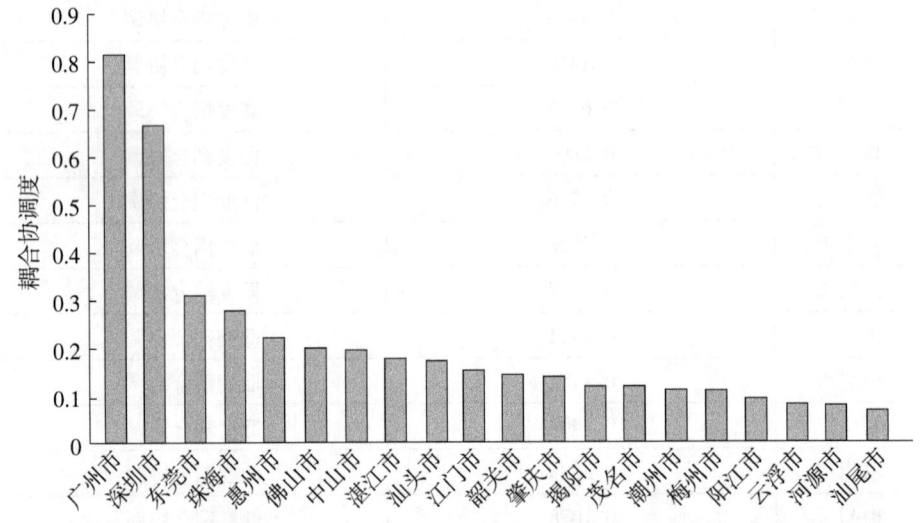

图5-4 科研机构创新能力与区域创新能力之间的耦合协调度区域排序

(2) 科研机构创新与区域创新耦合协调发展呈现出科研机构创新滞后于区域创新能力发展的态势。如表5-8所示，广东全省21个地市科研机构创新能力综合评价得分普遍低于区域创新能力综合评价得分。科研机构创新能力综合评价得分较高的广州、深圳、珠海和东莞，其区域创新能力综合评价得分也较高。湛江虽然科研机构创新能力综合评价得分较高，但布局在湛江的科研机构主要是石油化工类，对区域创新发展的影响没有那么大。

5.3 广东科研机构区域布局存在问题

5.3.1 科研机构区域分布不平衡

一直以来,广东既有全国最富裕的地方,也有全国最贫穷的地方。据《广东统计年鉴(2019)》数据显示,2018年广州和深圳的GDP分别达到22 859.35亿元和24 221.98亿元,而云浮和汕尾的GDP总值还未过千亿元,仅有849.13亿元和920.32亿元(见表5-11)。珠三角地区GDP总值达81 048.50亿元,是粤东西北地区GDP总值总和的4倍,广东珠三角地区和粤东西北地区的经济发展差距仍然巨大,区域经济发展不平衡问题依然严重。

表5-11 2018年广东各市地区生产总值　　　　单位:亿元

经济区域	城市	地区生产总值(GDP)	合计
珠三角地区	广州	22 859.35	81 048.50
	深圳	24 221.98	
	佛山	9935.88	
	东莞	8278.59	
	惠州	4103.05	
	中山	3632.70	
	珠海	2914.74	
	江门	2900.41	
	肇庆	2201.80	

续表

经济区域	城市	地区生产总值（GDP）	合计
粤东西北地区	茂名	3092.18	19 977.45
	湛江	3008.39	
	汕头	2512.05	
	揭阳	2152.47	
	清远	1565.19	
	韶关	1343.91	
	阳江	1350.31	
	梅州	1110.21	
	潮州	1067.28	
	河源	1006.00	
	汕尾	920.32	
	云浮	849.13	

广东的区域经济发展不平衡与我国经济发展受到产业梯度转移理论、增长极理论等不平衡理论思潮的影响有关。产业梯度转移理论认为产业和技术在极化效应和扩散效应作用下从高梯度区域向低梯度区域转移，引导经济全面增长。该理论认为区域经济开发中，产业结构等遵循由高梯度向低梯度转移的规律，在世界范围内产业的布局基本上符合这种规律。佩鲁提出的增长极理论认为，增长并非同时出现在所有地方，它首先出现于一些增长点上，然后向其他区域扩散，对整个经济产生不同影响。所以有意识地培育增长极，利用增长极的推动效应，可带动整个经济的发展。基于产业梯度转移理论、增长极理论等不平衡发展理论，改革开放以来我国积极承接国外相对先进的产业，充分发挥我国的"后发优势"，以较低的成本引进对自身来说相对先进的产业与技术。在"效率优先"的原则下，向地理条件较好的地区倾斜，培育东部沿海地区作为我国发展的增长极，导致区域经济呈现非均衡发展。广东珠三角地区就是这样发展起来，与粤东西北的差距也开始拉大。[9]

各地经济发展的不平衡，也导致广东科研机构在区域布局上的不均衡性。政府类科研机构，尤其是省属科研机构，不仅基本分布在珠三角地区，更是高度集中于广州，新型研发机构也主要集中于珠三角地区。其主要原因是珠三角地区经济实力雄厚,科研环境和科研实力也更为优厚,科研人员的经济收入水平也相对较高,地方政府也能以更大的力度支持科研机构发展,更加吸引科研机构在珠三角地区布局设点;粤东西北地区由于经济发展水平较低,政府对科技的投入力度也相对较小,科研环境不如珠三角地区,因而科研机构分布较少,实力较弱,区域创新能力不均衡。

5.3.2 传统科研机构市场化程度不高

随着创新驱动发展战略深入实施,当前广东已进入产业转型升级关键期、经济结构调整加速期和创新驱动发展活跃期,现阶段广东还存在着产业核心技术不足、创新资源缺乏、科研机构改革进展不快、科技管理体制不够完善等问题,迫切需要创新体制机制,加快实施创新驱动发展战略,依靠科技创新培育新的经济增长点,加快推进科技成果产业化,促进科技与经济紧密结合,为推进产业转型升级提供重要支撑[10]。其中,科研机构中的传统科研机构因历史原因与产业距离远的问题依然突出。

传统科研机构中,省属科研机构除少数机构在梅州、汕头外,其余都在广州,但这些科研机构专注于不同产业领域开展科学研究,不少产业领域并非广州支柱产业或未来布局发展的主导产业。如表5-12所示,广州目前以IAB(新一代信息技术、人工智能、生物医药)、NEM(新能源、新材料)五大主导产业为提升方向。在广州的省属科研机构和中科院科研机构中,却有不少专注于其他产业方向,例如,广东省科学院主管的广东省石油与精细化工研究院,与茂名、湛江、揭阳等沿海城市的产业布局发展更加契合;广东省农业科学院水稻研究所在第一产业占比不到2%的广州发展,显然也能说明问题。而在产业变革与科技革命的历史交汇中催生出的新型研发机构,相比较传统科研机构,更加贴近产业,与当地产业发展的联系更为紧密,也因此,新型研发机构在区域上的布局比传统科研机构更加合理。

表 5-12 广东各城市主导产业布局及支柱产业情况

城市	主导产业布局	支柱产业
广州	以 IAB（新一代信息技术、人工智能、生物医药）、NEM（新能源、新材料）五大主导产业为提升方向	
深圳	七大战略性新兴产业（新一代信息技术、互联网、新材料、生物、新能源、节能环保及文化创意）和四大未来产业（生命健康、航空航天、海洋及机器人、可穿戴设备和智能装备）	金融业、物流业、文化及相关产业、高新技术产业
佛山	打造"2+2+4"产业集群：装备制造、泛家居，汽车及新能源、电子信息，新一代电子信息、生物医药大健康、新材料及机器人	
东莞	发力新一代信息技术、高端装备制造、新材料、新能源、生命科学和生物技术五大重点新兴产业领域	电子信息业、电气机械及设备制造业、纺织服装鞋帽制造业、食品饮料加工制造业、造纸机纸制品业
惠州	推动汽车与装备制造、清洁能源成为新的支柱产业，培育物联网、云计算、LED、生物医药等产业成为优势产业	石化、电子
中山	重点发展高端装备制造、新一代信息技术和健康医药三大战略新兴产业	家电、五金、灯饰、家具
珠海	加快发展新一代信息技术、高端装备制造、绿色低碳、生物医药、数字经济、新能源、新材料、海洋经济等战略性新兴产业	电力能源、生物医药、精密机械制造、家电电气、电子信息、石油加工
江门	打造新材料产业、文旅业、大健康产业、高端装备制造业、新一代信息技术产业、新能源汽车及零部件产业集群	
肇庆	培育新能源汽车、先进装备制造、节能环保产业三大千亿产业集群	
茂名	石油化工、农副产品加工、矿产资源加工、特色轻工纺织、医药与健康、金属加工及先进装备制造	石油化工
湛江	钢铁、石化、造纸	

续表

城市	主导产业布局	支柱产业
汕头	重点发展现代化临海产业，紧盯新一代信息技术、高端装备制造、海洋生物医药、新材料、新能源等新兴产业	纺织服装、化工塑料、工艺玩具、生物医药、先进装备制造、新一代信息技术
揭阳	布局"炼油、石化、天然气、风电、服装"五大主导产业	纺织服装业、食品业、金属业、制鞋业
清远	先进制造	
韶关	大力发展先进装备制造、旅游文化、大数据、商贸物流、医药健康、现代特色农业六大新兴产业	
阳江	快速壮大合金材料、风电产业	
梅州	优化升级烟草、电力、建材、电子信息、机电制造等传统优势产业，加快培育大文旅、互联网、体育等新兴特色产业，发展大健康产业，壮大特色现代农业	烟草、电力、矿冶加工
潮州	打造陶瓷产业、食品产业、新材料产业、新能源产业、生物医药健康产业"五个500亿"产业集群	
河源	以通信、家电为龙头的电子电器业，以模具制造为龙头的机械制造业	
汕尾	电子信息、新能源汽车、电力能源及装备制造、生物医药、智能制造、海洋经济、新材料	
云浮	金属智造产业、信息技术应用创新产业、氢能产业、生物医药产业、现代农业产业、文旅产业、现代物流产业	石材、不锈钢、农牧业

注：根据各地政府工作报告、新闻报道等资料整理编制。

传统科研机构区域分布与区域产业之间的匹配度问题，从另一个方面来说，也导致其科研成果与市场缺乏紧密的联系。科研成果转化率低的问题由来已久，但新型研发机构出现后，其科研成果转化率得到有效提升，但传统科研机构问题仍然严峻。究其原因，主要还是传统科研机构的科学研究没有与市场紧密结合，科研成果离产业化应用还有比较远的距离。据相关统计调查显示，市场上对省属科研机构研究成果的需求程度较强烈的只占27%，需求一般和需求较低的研究成果占据比较大的比例，还有18%机构的科研成果市场需求很小。部分省属科研机构产学研合作项目也非常少，根据对21家省属科研机构的调查统计，2014—2015年间的产学研合作项目只有20个，只占机构项目总数的0.89%。

5.3.3 支撑产业转型升级能力不强

2016年5月，中共中央、国务院印发了《国家创新驱动发展战略纲要》，提到创新驱动是国家命运所系，创新强则国运昌，创新弱则国运殆。广东自"十二五"以来，就以提高自主创新能力为核心，大力实施创新驱动发展战略，全面深化科技体制改革，推动全省科技创新驶入发展"快车道"。进入"十三五"时期，面对世界科技革命、产业变革加速兴起，广东省经济发展进入"新常态"时代，科技创新工作机遇与挑战并存。现阶段的市场经济环境对广东经济发展方式提出了更高要求，加快产业转型升级是唯一出路。近几年广东各地GDP总量的提升，主要还是依赖人口的红利。在粗放式市场环境中，传统发展动力不断减弱，粗放型增长方式难以为继，产业的精细化、高效化、专业化仍有很大的提升空间。

佛山、东莞等新崛起的城市从改革开放后，利用毗邻港澳的优势开展来料加工、来样加工、来件装配和补偿贸易的"三来一补"快速发展，逐步形成各具特色的产业集群。截至2018年，佛山和东莞GDP在全省排名仅次于深圳和广州，分别位于第三名和第四名，GDP体量已接近万亿元。但由于发达国家在科学前沿和高技术领域仍然占据明显领先优势，佛山和东莞的企业大多从事组装、结构件生产环节，产业拥有的核心技术不多，一些关键核心技术受制于人，大部分产业仍处于全球价值链的中低端。在全球新一轮科技革命和新旧动能接续转换大势下，佛山和东莞等城市产业转型升级压力和需求愈加迫切。

科研机构作为我国科技创新的重要力量，一直走在创新的前列，承担着科技兴国的重任，着力帮助解决企业创新动力不足、创新体系整体效能不高、科技人才队伍大而不强的问题，从而支撑我国产业转型升级、经济高质量发展。但由于历史发展原因，佛山、东莞等城市的科研机构一直较为缺乏。全省大部分科研机构位于广州,城市间的距离也使得科研机构对全省各地产业转型升级的支撑有限。作为区域创新体系的重要组成部分,科研机构是佛山、东莞等城市进行创新发展,打造发展新引擎,培育新的经济增长点的重要支撑主体。在当前产业转型升级的关键期,佛山、东莞等新崛起城市对科研机构的需求愈发迫切。

5.3.4 区域辐射带动效应较弱

从区域经济学来说,区域经济的持续发展离不开科技创新,科技创新给区域带来新的产业发展和新的经济增长点,从而促进区域经济社会繁荣发展。所以,目前科技在区域经济发展中的地位越来越突出,科技成为区域经济发展的动力[11]。当前,广东经济已进入产业转型升级关键期、经济结构调整加速期和创新驱动发展活跃期,只有依靠科技创新培育新的经济增长点,抢占未来发展制高点,未来才能可持续发展。科研机构作为科技创新的重要力量,与高校和企业同为支撑自主创新和产业转型升级的"金三角",高校专注于基础研究积累,着重提升原始创新能力,而科研机构则是将基础研究成果进行应用转化研究,科研机构促使基础研究到产业化的周期缩短,将创新链与产业链的衔接紧密联系起来。但目前广东科研机构对经济和产业发展的创新引领作用尚未充分发挥,对各地区域经济发展的辐射带动效应不强。

从省属科研机构来说,首先其高度集中在广州地区,虽然根据世界城市群的发展历程,广州会对周边地区产生辐射效应,促进周边地区加快发展,但从广州周边地区发展来看,其虹吸效应还是大于辐射效应。省属科研机构对广州周边地区经济发展的辐射带动效应还是不强,更别说其他地区。其次是省属科研机构的科研成果转化率偏低,对科技成果产业化的促进较小。根据相关调查可知,21所广东省属科研机构的数据来看,其2014—2015年产学研合作的课题数仅为20项,仅占其所承担项目总数的0.89%。

从新型研发机构数量分布来看(见图5-3),新型研发机构在地区分布上有很大差异,地区发展不平衡问题比较突出。截至2017年底,新型研发机构总数为219家,珠三角地区新型研发机构数量达到191家,占比

87.2%。粤东西北地区新型研发机构数量虽然比2015年有明显增长,但发展仍然较为缓慢。从单个城市来看,新型研发机构数量最多的几个城市为广州、深圳、佛山和东莞,这些也是广东经济发展最为发达的几个城市。科研机构对产业创新引领的辐射作用有限,对地区经济发展的带动效应更多还是局限于当地,对周边地区影响有限,机构区域分布有待优化。[12]

5.3.5 区域布局差距愈加凸显

"马太效应"出自圣经中的一则寓言,寓意是"好的愈好,坏的愈坏,多的愈多,少的愈少",表现一种两极分化现象。在经济学中,关于区域间发展趋势的马太效应是这样的:新古典增长理论中,由于资本的报酬递减规律,当发达地区出现资本报酬递减时,资本就会流向还未出现报酬递减的欠发达地区,结果是发达地区增长速度减慢,欠发达地区增速加快,最终两类地区发达程度趋同;但如果同时考虑制度、人力资源等因素,往往发达地区与欠发达地区发展呈现相反的结果,即发达地区发展速度更快,欠发达地区发展更慢。

广东科研机构的区域布局便呈现出这样一种"马太效应"。新型研发机构主要集中于珠三角地区,省属科研机构高度集中在广州,广州地区的省属科研机构占比高达97.56%。科研机构在珠三角地区集聚对当地本身就会产生集聚科技创新资源的影响,而各地对外部科研机构的吸引力也呈现"马太效应",即科研机构越多的地区,科技创新资源越多,经济发展越发达,对外部科研机构的吸引力越大。以新型研发机构为例,广州市在2015年发布的《广州市人民政府办公厅关于促进新型研发机构建设发展的意见》(穗府办〔2015〕27号)中,对新型研发机构建设启动期5年内分期无偿拨付启动资金,启动期后还可以股权投资继续支持,每年安排不少于2亿元资金;深圳市在2016年的《关于促进科技创新的若干措施》(深发〔2016〕7号)政策中表明,"鼓励海外高层次人才创新创业团队发起设立专业性、公益性、开放性的新型研发机构,予以最高1亿元支持。对经认定的广东省新型研发机构予以研发支持"。而经济发展欠发达的地区如云浮,对新型研发机构的资金支持力度明显更小。根据《关于引导扶持云浮市新型研发机构发展的试行办法》(云府办〔2015〕43号),云浮市财政每年安排200万元专项经费用于支持该市新型研发机构的建设。科研机构区域布局呈现"马太效应",发展相对落后的地区对外部科研机构的吸引力越弱,更加难以优化科研机构区域布局,最终落入恶性循环。

5.4 优化广东科研机构区域布局主要思路与方向

5.4.1 促进区域分布趋于合理

经济持续健康发展离不开科技进步,而合理的科研机构行业与区域布局体系是一国或地区科技持续进步的基础和实现自主创新的根本保障。近年来,广东省委、省政府高度重视科研机构区域布局建设,科研机构发展的环境不断优化,数量不断增加,能力不断提升,省属科研机构改革创新进程加快,新型科研机构不断涌现,为我省科技进步和经济社会发展提供了重要支撑。科研机构作为一种相对优质的科技资源,有效促进了区域科技资源优化配置,提升了区域科技创新能力。但广东科研机构在区域布局上存在着较大的不均衡性,主要集中在珠三角地区这些经济发展水平高、科研实力雄厚的地区。省属科研机构基本分布在珠三角地区,高度集中于广州。中科院在粤科研机构除深圳先进技术研究院外,也都在广州。新型研发机构主要集中于珠三角地区的广州、深圳、佛山和东莞,2017年这四个城市的新型研发机构占比近七成。科研机构区域分布的不均衡性,一定程度上制约了广东的区域创新能力。

因此,要在现有科研机构基础上,以现有科研机构为支点,利用现有的学科基础、科研力量,根据广东科研工作需要,考虑优势区域代表性,不断完善区域布局,延伸工作半径,形成优势互补、高质量发展的区域布局体系。据此对传统科研机构和新型研发机构提出以下区域布局优化建议:一是针对传统科研机构囿于体制机制在其他地区新设立机构较为困难,建议通过与地方政府合办共建新型研发机构,运作机制也能有一定突破。另外在区域布局上向粤东西北地区给予一定的倾斜。二是继续加大对新型研发机构的支持力度。2019年1月发布的粤府〔2019〕1号文《广东省人民政府印发关于进一步促进科技创新若干政策措施的通知》明确提出"对在粤东西北地区建设的高水平新型研发机构,省财政给予启动经费支持,经认定为省新型研发机构且评估优秀的,最高给予2000万元奖补"。为加快落地实施,粤东西北地方政府在规划用地、科研机构人才引进方面也可以同步给予支持,尽快提升科研机构布局的短板。

5.4.2 引进高端科研机构布局广东

产业转型升级的根本在于从价值链低端转向中高端,在于实现产业高质量发展,而实现产业高质量发展的根本在于提高劳动生产率和全要素生产率,在于创新要素质量的全面提升和产业结构优化。创新要素的提升和结构优化就是要深入实施创新驱动发展战略,充分发挥科技创新在产业转型升级中的支撑引领作用。当前广东科研机构区域布局问题,除了通过不断优化完善已有科研机构区域布局外,还可以加强对外引进科研机构的力度,吸引国家科研机构甚至国际科研机构来广东设立分支机构,推进广东科研机构专业化、国际化发展。

一方面,建立部省联动机制。共同推动科技部、教育部、工信部系统的国家科研力量来粤设立研发机构,重点争取像国家实验室这类高水平科研机构落户广东;支持中国科学院、工程院不断加强在粤科研院所力量;鼓励中船集团、中交集团、中国石化、南方电网等央企在广东设立研究院、研发中心等机构;积极吸引跨国公司研发总部或区域性研发中心落户广东,共同或独立设立实验室、研发中心、技术检测中心等研发机构,开展产业共性技术、关键核心技术攻关;支持行业龙头企业、产业联盟、本地院校和研发机构创办新型研发机构。[13]

另一方面,加强与国际科技发达国家与地区的高水平科研机构、顶尖大学的联系与合作,充分把握双方共同需求,在合作共赢中吸引这些机构和大学来广东设立分支机构或共同设立科研机构。高层次人才是科研机构的灵魂,如今广东从省到市区各级都出台各类引才政策,进一步筛选优化国际高端人才团队的项目,也是引进国际科研机构的另一种方式。

5.4.3 统筹优化科研机构区域结构

根据大卫·李嘉图的比较优势理论，具有劳动力优势的国家应在国际分工中生产劳动密集型产品，而具有资本和技术优势的国家则应该生产资本密集型和技术密集型产品。随着国际贸易和国际分工的发展进程，各国拥有的生产要素相对丰富程度会发生相对变化，从而导致国际分工和国际贸易产生变化，最后导致国际间产业结构的转移[14]。广东珠三角地区的产业发展就是从改革开放初期依靠廉价劳动力生产劳动密集型产品到如今要通过产业转型升级实现资本密集型、技术密集型的生产转变。而粤东西北地区仍处于生产劳动密集型产品的阶段，要想缩短粤东西北地区和珠三角地区的发展差距，基于比较优势理论，需要各地区分析各自的要素、禀赋、特征，确立各地比较优势产业，遵循比较优势，发展新产业，形成产业集聚，推动产业升级和结构调整。当前广东的科研机构，尤其是传统科研机构的区域布局还未能与各地具有比较优势的产业相结合，如石油化工类科研机构并未布局在茂名、湛江、揭阳等沿海地区。

因此，建议根据现在科研机构布局，考虑现有的学科基础和区域产业规划，通过现有科研机构在区域内设立分支机构，以及吸引符合各地产业发展的国家和国际科研机构来粤布局，将科研机构与各地产业发展进行统筹优化，对符合各地产业发展的科研机构以启动资金、减免租金等方式进行重点支持，不断完善科研机构区域布局。

5.4.4 促进传统科研机构市场化

广东传统科研机构因历史原因，省属科研机构和中科院在粤科研机构除少数几个在梅州、汕头和深圳外，其余都在广州，传统科研机构与其科学研究领域相符的产业地区都相距较远。科学研究要想实现产业化应用，就不能独自研究，不深入开展产学研、不与产业接地气，科研成果就容易束之高阁，难以实现产业经济效益。而广东传统科研机构的科研成果市场需求一直偏低，承担的产学研合作课题也很少，与新型研发机构相比，科研成果转化率整体偏低。由于受传统人事管理、项目管理等体制机制的制约，传统科研机构和科技人员的创新积极性不高，对科研成果转化问题也容易忽视。为提升传统科研机构科研成果转化率，首先要深入产业地区设立相关研究机构，多与成果产业化一线的企业沟通与交流，了解产业的实际研发需求，通过多种形式开展产学研合作，提高科研成果转化率；其次要深化传统科研机构体制机制改革，努力探索实行科研机构科技成果转移、转化的体制机制，提高传统科研机构科技成果的转化收益用于奖励创新团队及人才的比例，参照新型研发机构改革人事管理制度，推行聘任制，试点推行市场化用人机制和薪酬考核激励制度，改革后的聘用制应趋于市场化，由单位自主决定人员岗位、薪酬等。

参考文献

[1] 李栋亮. 广东新型研发机构发展模式与特征探解[J]. 广东科技, 2014 (23): 77-80.

[2] 张卫国, 莫国莉, 欧晨. 广东省属科研机构创新能力评价研究[M]. 广州: 华南理工大学出版社, 2018: 24-29.

[3] 万勇. 区域技术创新与经济增长研究[D]. 厦门: 厦门大学, 2009.

[4] 易平涛, 李伟伟, 郭亚军. 基于指标特征分析的区域创新能力评价及实证研究[J]. 科研管理, 2016 (增刊1): 371-378.

[5] 牛夏然. 山西省科技型人才聚集与区域创新系统的关系研究[D]. 太原: 太原理工大学, 2015: 48-49.

[6] 吴玉鸣, 柏玲. 广西城市化与环境系统的耦合协调测度与互动分析[J]. 地理科学, 2011, 31 (12): 1474-1479.

[7] 蒋天颖, 华明浩, 许强, 等. 区域创新与城市化耦合发展机制及其空间分异——以浙江省为例[J]. 经济地理, 2014, 34 (6): 25-32.

[8] 马丽, 金凤君, 刘毅. 中国经济与环境污染耦合度格局及工业结构解析[J]. 地理学报, 2012, 67 (10): 1299-1307.

[9] 王陕菊. 区域经济不平衡发展理论综述及启示[J]. 三门峡职业技术学院学报, 2017, 16 (4): 103-107.

[10] 陈雪, 张志彤. 新型研发机构在助推"大众创新、万众创业"中的作用及发展思考[J]. 科技管理研究, 2016 (22): 87-91.

[11] 王瓛. 科技对区域经济发展的带动作用探究[J]. 科技风, 2016 (20): 22.

[12] 袁传思. 新型研发机构在产业技术联盟中的主体作用[J]. 科技管理研究, 2016 (9): 112-115, 125.

[13] 任志宽, 龙云凤. 珠三角地区新型研发机构发展的现状、问题及对策建议[J]. 科技创新发展战略研究, 2019 (1): 1-5.

[14] 任太增. 比较优势理论与梯级产业转移[J]. 当代经济研究, 2001 (11): 47-50.

第 6 章

广东科研机构行业布局分析

6.1 总体行业布局

随着科研队伍规模快速壮大，我们进入了"不患寡而患不均"的时代，关注的焦点逐渐转移到科研机构的布局问题，有关科研机构的行业布局和区域布局也愈加成为社会讨论的热点。自1999年开展省属科研机构科技体制改革起，目前广东已形成了工业、农业、科技服务业和社会发展四大板块的省属科研机构体系。新型研发机构作为近年来涌现的科研机构新型组织形式，在行业布局上与市场的联系更为紧密，尤其是在新兴行业的布局优于省属科研机构。因此，本节将重点分析目前广东科研机构包括省属科研机构和新型研发机构的行业布局情况。

6.1.1 省属科研机构行业布局

作为改革开放的前沿阵地，广东在全国一直处于科技体制改革前沿，通过整合现有科技资源、优化结构，打破原有利益结构，整合重组跨部门的科研机构，组建若干主体科研机构，为科研机构注入新的活力。广东省委、省政府于1999年推动省属科研机构改革，对69个省属科研机构进行分类定位改革，并于2000年全面改革到位。2011年广东省又推进事业单位改革，对省属科研机构进行二次分类定位改革。目前，广东在工业、农业、社会发展、科技服务业四大社会支柱领域已经组建了广东省工业技术研究院、广东省农业科学院、广东省科学院和广东省科技服务业研究院四大主体科研机构[1]。

1. 省属科研机构以研究工业领域为主

经历两次重大改革之后，广东省属科研机构各项科研事业迅猛发展，截至2016年底，广东省属科研机构共有66家（分行业布局情况详见附录表1）。省属科研机构按照广东省分类改革，分成工业、农业、社会发展、科技服务业四大领域，主要聚焦于工业领域技术研究开发。具体来看，工业领域技术研发的机构最多，有28个，占省属科研机构的42.42%，其中，企业类省属科研机构12家，事业类科研机构16家。改革后，工业、农业、社会发展、科技服务业领域的四大主体科研机构建设进展加快。

近年来，广东省属科研机构资产水平较高，财务状况良好。据相关省属科研机构财务报表显示，2016年纳入统计范畴的省属科研机构净资产达到555 889.16万元，平均每家机构净资产达到8422.56万元；2016年总收入达到504 189.75万元，人均创收高达52.47万元。从行业研究领域来看，工业领域技术研发类科研机构的净资产所占比例较高，达225 412.75万元，占66所省属科研机构净资产的40.55%。其次分别为社会发展领域咨询服务、农业领域技术研发、科技咨询服务，其净资产分别为 123 623.03万元、116 507.34万元、90 346.04万元，所占比例分别为22.24%、20.96%、16.25%。

从研发机构投入来看，广东省属科研机构在工业领域技术研发类科研机构的研发经费也是最多的。各行业研究领域研发经费投入和占比如表6-1所示，2016年省属科研机构研发经费投入总额达到140 072.35万元，其中工业领域技术研发类科研机构的研发经费投入较高，达到52 200.5万元，占广东省属科研机构研发经费投入总额的37.27%；其次分别是农业领域技术研发类、科技咨询服务类、社会发展领域咨询服务类，研发经费投入分别为33 815.01、27 584.84、26 472万元，所占比例分别为24.14%、19.69%、18.9%。

表6-1 各行业研究领域研发经费投入和占比

行业研究领域	工业领域技术研发		农业领域技术研发		科技咨询服务类		社会发展领域咨询服务类	
研发经费投入及占比	研发经费投入/万元	占比/%	研发经费投入/万元	占比/%	研发经费投入/万元	占比/%	研发经费投入/万元	占比/%
	52 200.5	37.27	33 815.01	24.14	27 584.84	19.69	26 472	18.9

注：数据来源于广东省科技业务管理阳光政务平台对各科研机构的统计。

2. 省属科研机构主要围绕传统产业研究开展

总体上，省属主体科研机构作为行业、产业领域技术开发和原始创新的主战场和重要基地,在原始创新和核心技术攻关方面具有先天优势,发挥着不可替代的重要作用。但是,从传统产业和新兴产业角度来看,省属科研机构主要围绕传统产业开展研究。

新兴产业是指关系到国民经济社会发展和产业结构优化升级,具有全局性、长远性、导向性和动态性特征的产业。与传统产业相比,其具有高技术含量、高附加值、资源集约等特点,也是促使国民经济和企业发展走上创新驱动、内生增长轨道的根本途径。[2]国家划分的七大新兴产业,指国家战略性新兴产业规划及中央和地方的配套支持政策确定的七个领域(23个重点方向)。"新七领域"为节能环保、新兴信息产业、生物产业、新能源、新能源汽车、高端装备制造业和新材料。当前广东省属研究机构以传统产业研究为主,66家省属科研机构,根据传统产业和新兴产业划分,研究新兴产业的机构仅有9个,占总机构数的13.64%,主要有广东省新材料研究所、广东省智能制造研究所、广东省生物工程研究所和广东省农业科学院农业生物基因研究中心等,而且这些机构的研究方向还是在传统产业基础上向新兴产业研究发展的。在国家和省政府政策引导下新兴产业研究近年来才得以蓬勃开展,但从目前省属科研机构的行业布局来看,新兴产业科研机构存在一定缺口。广东省作为改革开放的排头兵,在产业结构升级和发展新兴产业方面应作为全国的典范,因而需要设立更多的省属科研机构为新兴产业的发展进行科研探究。

3. 省属科研机构以工业为主导产业研究体系,制造业占多

广东省属科研机构共有66家,对省属科研机构研究领域进一步研究可以发现,工业领域的机构占大多数。根据相关统计,如图6-1所示,按照工业、农业、社会发展和科技服务四大领域划分,工业领域研究机构超过了42.42%,可见省属科研机构重点为工业领域服务发展。当然,工业领域研究机构较多的原因是广东省改革开放以来大力发展工业生产,对科研机构的需求大量增加,政府主导的省属研究机构主要研究方向也专注于工业发展。

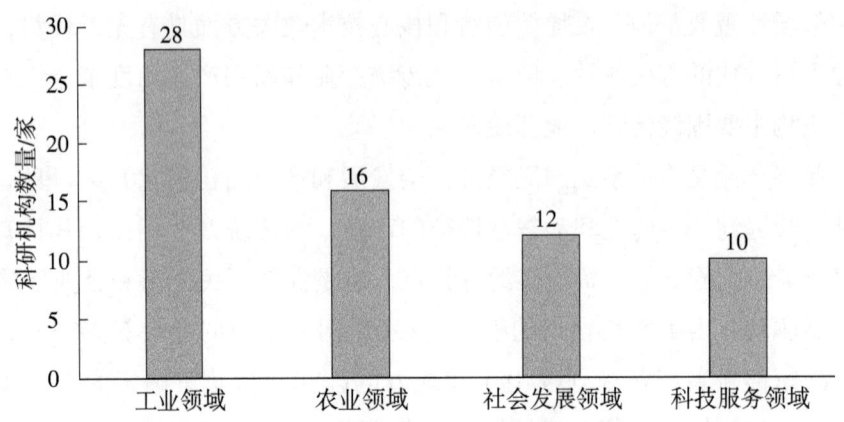

图 6-1 广东省属科研机构按产业分布情况

制造业是广东经济的中坚力量,仍是支撑规模以上工业增加值增长的重要力量。在制造业中,又以电子、汽车、电器三大支柱产业为首,据统计,2017年三大产业合计对广东规模以上工业增加值增长的贡献率为64%,比上年同期提高10.4个百分点,合计拉动广东规模以上工业增长4.6个百分点,拉动率比上年同期提高1.0个百分点。工业类领域省属研究机构共有39家,其中制造业类研究机构高达23家,占比约为59%,可见制造业在广东省工业经济中的重要分量。制造业类省属研究机构也占省属研究机构总数的28%,更加凸显制造业是广东省经济发展的核心动力。

6.1.2 新型研发机构行业布局

1. 新型研发机构催生新兴产业发展,加快产业结构升级

科技创新发展对广东进入创新驱动的经济社会有着至关重要的作用,受源头创新能力不足、核心技术缺乏、科技成果转化率不高等因素的制约影响,广东依靠科技创新推动经济发展的步伐相对缓慢。而新型研发机构的出现,为广东探索突破这些制约因素、加快提升产业竞争力和自主创新能力提供了重要的新途径[3]。

新型研发机构以产业发展为基础开展研发,开辟了科技与产业相结合的新途径,并促进了产业转型升级。据相关报道,东莞华中科大工研院根据东莞的家具、针织、食品、服装、造纸等传统产业的技术需求,整合应用研究、成果转化、企业孵化为一体，自主研发了十几类、几十个系列的行业关键设备，申请专利 100 多项，为 4000 多家企业提供了高端服务，改变了传统产业对进口生产设备的严重依赖，有效促进了东莞产业转型升级。深圳光启高深耕超材料领域，已经申请了近 2000 项国内外相关领域发明专利，其中有 129 件 PCT 国际专利，产品专利覆盖率达到了 100%，为广东开创了超材料新兴产业。[4]

新型研发机构并不局限于专注在某个科技创新活动环节，而是逐渐构建从科技成果产业化的研发源头逐渐向上游到下游产业化的全产业链创新体系[5]。如深圳光启一方面在超材料基础理方面论深入开展研究，另一方面又面向产业发展需求开展相应应用研究和超材料技术攻关，推动超材料产业发展，建设了世界首条超材料研发中试生产线，促进战略性新兴产业整体突破，推动工业经济转型升级，推动技术创新与进步。此外，深圳光启还牵头成立了"深圳超材料产业联盟"，与华为等企业合作建立超材料研发基地，带动千亿产值规模的产业集群。

2. 新型研发机构专攻学科前沿性强、知识密集型产业

广东新型研发机构在成立之初就背负着适应市场化的使命，将研发创新建立在产业发展需求上，坚持产学研一体化，形成产业化导向的研发模式。这是一种将科学发现、技术发明和产业发展始终结合在一起的研发模式，新型研发机构将新型创新理念始终贯穿于整个创新管理之中，最终形成研发成果产业化和产业反哺研发的良性互动结果。

新型研发机构支撑产业发展能力较强，具有学科前沿性、资产轻盈性、人才密集性等特点。新型研发机构多是高校、科研院所成果转化的载体，但研发方面更为灵活，市场机制更为完善，一般都有两到三个研究方向。如图 6-2 所示，目前，广东新型研发机构所专攻的技术领域主要分布在新材料（41%）、先进制造与装备（33%）、软件（27%）、生物医药（21%）等学科前沿性强、知识密集型的产业。

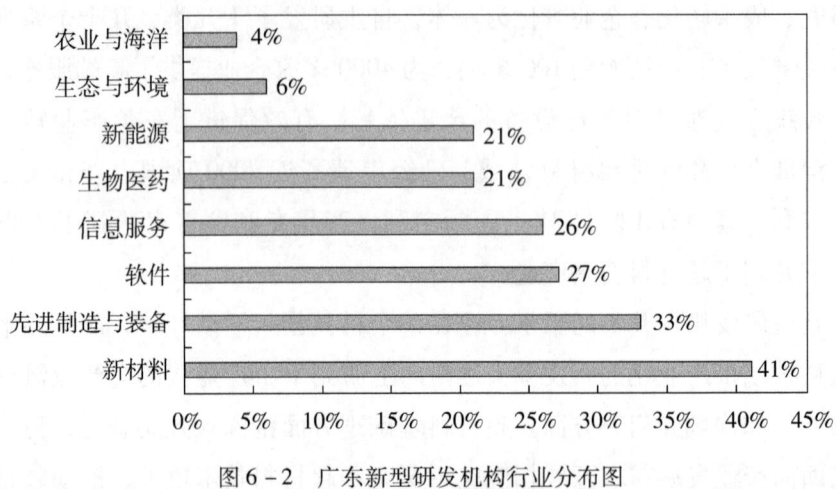

图 6-2 广东新型研发机构行业分布图

为进一步加快建设粤港澳大湾区国际科技创新中心和科技创新强省建设，对标国际最优最好最先进，下一步将在新一代通信与网络、量子科学、脑科学、人工智能等前沿科学领域布局建设高水平研究院，广东 2018 年已布局中新国际联合研究院、惠州离子科学研究中心、科大讯飞华南人工智能研究院、广东浪潮大数据研究有限公司、深圳市中光工业技术研究院、深圳第三代半导体研究院等一批高质量新型研发机构，还有深圳市太赫兹科技创新研究院、中科院苏州纳米技术与纳米仿生研究所广东（佛山）研究所、中科院自动化所等一批高水平创新研究院的落地，进一步激发广东创新的活力。

3. 新型研发机构着力对接高新技术产业

按照对接产业进行统计，新型研发机构要求具有明确的主攻方向，能切实解决产业共性技术问题，通过产学研合作服务企业和产业发展，所以必须对接广东的现代产业体系，对接广东战略性新兴产业，对接广东以现代服务业和先进制造业为核心，包括高新技术产业、优势传统产业、现代农业、基础产业等六大主体产业[6]。如表 6-2 所示，截至 2019 年 12 月底，广东省 244 家省级新型研发机构中，对接六大主体产业的新型研发机构数量分别为 54、42、109、21、8、10 家，所占比例在 3.2% 至 44.6% 之间。从广东省新型研发机构对接广东主体产业具体情况看，广东省新型机构着力对接高新技术产业，有 109 家新型研究机构致力于高新技术产业研究服务,占广东省新型研发机构总数的44.6%,已接近机构数量的一半。当然,这也符合广东省核心区域粤港澳大湾区发展趋势,广州、深圳、佛山、中山和东莞等城市都以新一代信息技术行业为核心的高新技术产业园作为主导产业发展,互联网、新材料、生物医药、新能源等高新技术行业也处于主导产业的布局之中。

表6-2 广东省新型研发机构与产业匹配情况

产业分类	典型产业	数量/家	比例/%
现代服务业	金融、物流、信息服务、科技服务、外包服务、总部经济、商务会展、文化创意、旅游等	54	22.1
先进现代制造业	装备、汽车、石化、钢铁、船舶等	42	17.2
高新技术产业	电子信息、生命健康、新能源、新材料、节能环保、海洋生物、航空航天等	109	44.6
优势传统产业	家用电器、食品、造纸、纺织服装、建材、有色金属、家具等	21	8.6
现代农业	优质粮食、特色园艺、现代畜牧业、现代渔业、现代林业和农产品精深加工服务业等	8	3.2
基础产业	与现代产业发展相适应的交通、能源和水利基础设施等产业	10	4

注:根据2015—2017年认定的广东省新型研发机构名单分析整理。

6.1.3 省实验室行业布局

广东省实验室建设的主要目标就是加强面向国家重大战略需求的基础研究,紧紧围绕全国、全省重大科学问题、产业转型升级问题和战略性产业、新兴产业发展,对战略前沿技术、核心关键技术、颠覆性技术的研发、转化应用的需要。因此,广东省实验室研究领域也具有主要面向战略性产业和新兴产业的基础研究特点,各实验室具体研究领域情况如表6-3所示。

表6-3 广东省实验室研究领域情况

广东省实验室	研究领域
广州再生医学与健康广东省实验室	以基础研究与国际合作、临床研究与转化、产业发展与产业促进为研究方向
深圳网络空间科学与技术广东省实验室(鹏城实验室)	瞄准网络与通信、信息处理、网络信息安全等领域

续表

广东省实验室	研究领域
佛山先进制造科学与技术广东省实验室(季华实验室)	以增材制造、微电子精密制造装备与技术、智能机器人系统与关键部件、精准医疗与生物制造、智能装备与现代工艺、现代激光制造及应用技术、工业设计集成、网络协同制造与智能工厂为研究方向
东莞材料科学与技术广东省实验室(松山湖材料实验室)	以战略性电子信息材料、生物合成与仿生材料、新能源材料、高端制造、低维材料、自修复智能材料、材料基因、新概念材料、材料创新重大支撑平台为研究方向
化学与精细化工广东省实验室	重点围绕合成化学、功能化学和绿色化工等三个研究方向,开展合成方法基础、绿色催化、精准合成、电子化学品、表面活性剂、高分子助剂、过程强化、生物质化工、环境化工等九个领域的研发和创新
南方海洋科学与工程广东省实验室	重点从海洋科学、海洋技术、海洋工程和海洋经济等方向进行建设布局
生命信息与生物医药广东省实验室	以疾病预防和干预为重点,开展生命信息、生物医药、医学工程方向研究
岭南现代农业科学与技术广东省实验室	瞄准岭南特色农业产业,聚焦现代生物种业、智能农机装备与精准农业、动植物重大生物灾害防控、生态循环农业、农业新型材料、农产品加工与食品安全等领域
先进能源科学与技术广东省实验室	聚焦先进核能、海上风能、氢能和可燃冰等新能源、化石能、多能互补及储能等重点领域
人工智能与数字经济广东省实验室（广州）、（深圳）	聚焦人工智能基础理论与核心算法、智能互联与大数据、人工智能专用芯片设计、类脑智能等四个重点领域

6.2 广东科研机构与产业匹配度实证分析

科研机构的行业布局不仅影响着行业发展,也同样与当地产业发展息息相关,行业的发展影响着产业的集聚、集群的形成、产业结构的变化等。因此，为便于统计分析，本节拟对科研机构与产业匹配度进行实证理论分析。

6.2.1 指标体系构建

目前，学界关于科研机构与区域行业发展评价并无统一指标。本著作在前人研究基础上，除生产经营活动发展类指标外，科技活动发展、固定资产投资发展指标亦考虑在内，结合指标数据的科学性、合理性、可获得性等基本原则，首先选取了如表6-4所示的15个区域主导行业发展指标[7]。科研机构的创新离不开机构的基础和资本的投入，创新产出则是最体现创新能力的部分。故选择创新基础能力、创新投入能力和创新产出能力指标作为系统、全面衡量新型研发机构创新能力的指标。结合我国的实际投入情况，广东省科研机构创新能力系统评价的18个指标选取结果如表6-5所示。

表6-4 广东省各市主导行业发展指标

一级指标	二级指标
生产经营活动	行业企业数/个
	主营业务收入/亿元
	利润总额/亿元
	行业总产值占GDP比重
	行业产值增长率
科技活动发展	行业科研机构数/个
	行业R&D人员折合工作量投入
	行业R&D经费投入
	行业新产品开发经费/亿元
	行业有效发明专利数/个
固定资产投资	施工项目个数/个
	新开工项目个数/个
	投资额/亿元
	全部建成投产项目个数/个
	新增固定资产/亿元

表6-5 广东省科研机构创新能力指标

一级指标	二级指标	三级指标
创新基础能力	机构基础	县部门以上属科研机构数量
		年末机构科研仪器设备价值
	人才基础	本科学历人数
		硕士学历人数
		博士学历人数
		中高级职称人数
创新投入能力	人才投入	R&D人员折合工作量投入
		技术人员折合工作量投入
		其他辅助人员折合工作量投入
	财力投入	R&D经费投入
		生产经营投入
	课题投入	R&D课题数
		其他课题数
创新产出能力	论著产出	一般科技论文数
		高水平论文数（国外论文）
		科技专著数
	专利产出	专利申请数
		专利授权数

6.2.2 耦合协调模型

1. 一般耦合协调模型

在对科研机构与地区行业进行耦合协调度评价之前，首先要建立科研机构与地区行业两个子系统的综合评价模型指数，即功效函数。其计算公式如下：

$$U_s = \sum_{j=1}^{n} \lambda_{sj} u_{sj} \quad (6-1)$$

式中，U_s 代表 s 子系统的综合评价指数。λ_{sj} 表示第 s 个子系统第 j 个指标的权重。λ_{sj} 的大小通过主成分分析的方法确定，当 $s=1$ 时，代表了区域主导产业子系统的综合评价指数；当 $s=2$ 时，代表了科研机构创新子系统的综合评价指数。u_{sj}代表第s个子系统第j个指标,对数据指标进行处理时采用线性函数归一化处理方法。

利用上述公式得到耦合模型为:

$$C = 2 \times \sqrt{(U_1 \times U_2)/[(U_1 + U_2)^2]} \qquad (6-2)$$

式中,C表示科研机构创新与区域主导行业两系统的耦合程度;U_1代表科研机构创新的综合评价水平;U_2代表区域主导行业发展的综合评价水平。

值得注意的是,有部分学者运用类似上述公式计算两系统的耦合协调度,但在设定C的取值范围为[0.1]的前提下,并未乘以系数2,这种做法是显然错误的,因在未乘以系数2的情况下,该公式的最大值仅能达到0.5(即$U_1 = U_2$的情况)。

为准确表达耦合程度,引入协调度模型,依此来客观科学地反映高技术产业发展系统与国家科技投入系统之间的协调发展水平,该模型的数学表达式如下:

$$D = \sqrt{C \times T}, \quad T = \alpha U_1 + \beta U_2 \qquad (6-3)$$

式中,D是两系统的协调度;T表示区域主导行业发展系统与科研机构创新系统的综合协调指数,反映了区域主导行业发展系统与科研机构创新系统对两者协调度的贡献;α、β为待定系数。

2. 熵变方程法

科研机构和行业发展均是耗散结构,遵循熵变方程。熵变方程法利用以下标准对科研机构和行业发展的协调状态进行评判。令:

$$\Delta H_t = H(t) - H(t-1)$$
$$\Delta I_t = I(t) - I(t-1) \qquad (6-4)$$

式中,t表示时间,ΔH_t反映了科研机构综合评价得分的变动;ΔI_t反映了行业发展综合得分的变动。根据最后得分所落在的象限位置可判断科研机构与地区行业发展的耦合协调性。

3. 灰色耦合协调模型

为了能够运用灰色耦合协调模型对科研机构与行业发展进行协调性分析,在上述公式的基础上,计算各指标间的标准化差值;根据标准化差值,计算各指标间的关联系数。

$$C(t) = \frac{1}{m \times l} \sum_{i=1}^{m} \sum_{j=1}^{l} \varepsilon_{ij}(t) \qquad (6-5)$$

$C(t)$ 为科研机构与行业发展的耦合度，它反映了系统发展过程中科研机构与地区行业发展的相对变化情况。其中，ε_i 表示行业发展与科研机构系统各指标间的相关性；m 表示科研机构数，l 表示行业分类数目。

6.2.3 耦合协调分析

1. 数据处理及指标权重计算

通过主成分分析确定区域主导行业发展指标权重，并运用线性归一化方法对数据进行无量纲化处理。利用成分得到分矩阵数据，并将其进行归一化处理后得到主成分的线性表达式，依据特征值比重确定主成分的权重，得到科研机构和行业发展的综合评价模型为：

$$\begin{aligned} U_1 =& \alpha_1 X_1 + \alpha_2 X_2 + \alpha_3 X_3 + \alpha_4 X_4 + \alpha_5 X_5 + \alpha_6 X_6 + \alpha_7 X_7 + \alpha_8 X_8 + \alpha_9 X_9 + \\ & \alpha_{10} X_{10} + \alpha_{11} X_{11} + \alpha_{12} X_{12} + \alpha_{13} X_{13} + \alpha_{14} X_{14} + \alpha_{15} X_{15} \\ U_2 =& \beta_1 Y_1 + \beta_2 Y_2 + \beta_3 Y_3 + \beta_4 Y_4 + \beta_5 Y_5 + \beta_6 Y_6 + \beta_7 Y_7 + \beta_8 Y_8 + \beta_9 Y_9 + \beta_{10} Y_{10} + \\ & \beta_{11} Y_{11} + \beta_{12} Y_{12} + \beta_{13} Y_{13} + \beta_{14} Y_{14} + \beta_{15} Y_{15} + \beta_{16} Y_{16} + \beta_{17} Y_{17} + \beta_{18} Y_{18} \end{aligned} \qquad (6-6)$$

2. 科研机构创新和主导行业发展耦合协调性分析

基于耦合协调模型、熵变方程法和灰色关联的区域主导行业发展与新型研发机构创新的协调性实证分析。由于科研机构尤其是新型研发机构创新能力的数据和区域主导行业发展指标数据难以获取和统计，因而本著作仅提供上述实证方法研究，暂无法进行实证数据测量和分析。

6.3 广东科研机构行业布局存在问题

6.3.1 省属科研机构行业布局存在问题

在第2章中，已对省属科研机构发展过程中存在的规模小实力弱、科研人才流失严重、体制机制制约、面临新型科研机构的冲击、科研成果和市场联系不紧密等问题进行剖析，但省属科研机构在行业布局方面也有待完善，主要有行业分布不均。工业方面尽管研究机构占主要优势，但是工业分行业方向有些领域还是存在研究空缺，尤其是缺乏尖端专业性人才。社会发展服务类方面研究机构也不够全面，随着社会发展的需求，更应当设置相配套的研究机构进行相关研究，增加金融服务、知识产权服务等研究机构。

1. 省属科研机构的行业布局滞后新兴产业布局

从经济社会发展与科技发展协调的角度看，与国内先进省市相比较，广东经济发展处于排头兵的地位，经济总量占全国的九分之一，税收占全国的七分之一。但广东的经济发展并没有同样地反映到科技发展上来，科技、教育、卫生等社会领域的发展速度相对较弱。教育方面，珠三角城市群仅有中山大学、华南理工大学、暨南大学、华南师范大学、广州中医药大学等5所"双一流"大学及学科建设高校，而京津冀、长三角城市群均超过20所。教育资源的不足，也使广东省围绕高校建成的省属科研机构无论是在数量还是在质量上的发展都不算出色。

经济社会发展与科技发展息息相关，科研机构在推动科技发展和促进经济社会发展方面至关重要。但是，广东省属科研机构在科技研究领域与科技发展潮流还存在一定差距，主要方向还是传统基础产业的研究发展，在新兴产业上的布局略显不足。从而导致广东高新技术产业中的4个支柱产业（电子信息、先进制造业、新材料和生物医药）主要产品总体技术水平不高，在国际分工中处于价值链、产业链的低端，产品技术水平达到国际先进水平的占24.7%，达到国际领先水平的只占5.7%。

当前66家省属科研机构，根据传统产业和新兴产业划分，研究新兴产业的机构仅有12个，占总机构数的18.18%，而且这些机构的研究方向还是在传统产业基础上向新兴产业研究发展的。省属科研机构在新兴产业布局的滞后严重影响了广东省新兴产业的发展。广东地区科技发展的实力也体现在产业的发展和布局上，没有先进的科技产业，经济发展就没有竞争力。因此，广东省属科研机构也需要将更多的研究致力于新兴产业发展趋势上。

2. 省属科研机构缺乏在工业"高精尖"领域的布局

广东省是工业制造大省，传统制造业也是广东省经济的重要支撑。广东省属科研机构在工业领域布局上超过了42.42%，可见制造业在广东省工业经济中的重要分量。尽管在工业制造业领域，省属研究机构布局占有绝对的优势地位，但是省属研究机构缺乏在工业"高精尖"领域的布局，甚至没有对机器人、可穿戴设备和智能装备等未来产业进行相关科技研究。

广东省属科研机构基本集中在广州，这主要是因为广州是广东省省会城市，省属科研机构的主管单位都是各省级政府单位，过去为了便于直接管理，下属科研机构基本都设立在省会城市广州，且广州是全省拥有最多高校资源的城市。但是除深圳外，珠三角城市主要以中低端制造业为主，自主创新能力有待提高，优质公共资源短缺；珠三角大多数城市当前的支柱产业仍集中于机械制造、金属冶炼、纺织、食品、化工等中低端制造业，金融、信息、新能源、新材料等产业发展缓慢。

当前，全球制造业正在遭遇技术变革。习近平主席向2019世界制造业大会致贺信时强调，中国高度重视制造业发展，坚持创新驱动发展战略，把推动制造业高质量发展作为构建现代化经济体系的重要一环。中方愿同各方一道，推动制造业新技术蓬勃发展，为促进全球制造业高质量发展、实现共享共赢作出积极贡献。

国内制造业正进行转型升级，也涌现出许多智能装备企业，在五轴联动加工中心、锻造成型数控加工设备、高端精密数控机床等细分领域取得巨大突破，助力中国智造的升级发展。高端制造、智能制造和新一代电子信息技术产业，将引领工业领域的发展。然而，广东省属科研机构大多局限于基础工业领域的科技研究，对高科技、精密和尖端工业领域涉猎微乎其微，这也导致当前广东省制造业主要集中在低附加值的非核心部件的加工制造和劳动密集型装配环节，在全球产业链上处于中低端，制造业"大而不强"的问题十分突出，尤其在航空产业、航天产业、高速铁路产业、海洋工程装备产业、智能装备制造产业等领域发展不足。

3. 省属科研机构研发技术成果对行业影响较小

德国等发达国家科研机构布局的经验表明，发达国家无论是在工业还是服务业中进行 R&D 活动的积极性很高，产品技术研究与开发对产品的国际竞争力起着决定性的作用[8]。经费不足和 R&D 经费占总支出的比例小，正是广东省属科研机构反映最多的问题。在提高自主创新能力方面面临的主要问题是自身研发能力和投入能力仍显不足；在深化改革方面，经费问题仍是影响科研机构发展的主要因素。2018 年广州、深圳 R&D 经费支出占 GDP 的比值分别为 2.8%、4.0%，而北京、上海已经分别达到 5.7%、4.1%。2018 年广州、深圳发明专利授权量为 1.1 万件、2.1 万件，低于北京、上海的 4.8 万件、2.13 万件。

市场是检验地方科研院所创新及创新成果的试金石。许多省属科研机构的科研成果仅限于实验室或者论文，与区域产业发展或市场联系不大。一些科研成果只能用作科研成果展示，而无法推广应用。有些科研成果可能成本太高或市场需求小而无法在市场上销售，甚至某些科研成果一发布就将被市场淘汰。深究其原因就是地方科研机构与市场和产业生产实践没有紧密联系，专业性行业研究机构对行业市场不够了解，研究出来的东西与市场不匹配，不能产生效益。

6.3.2 新型研发机构行业布局存在问题

1. 新型研发机构大多处于发展初期，对行业发展的作用还未凸显

目前，广东大多数新型研发机构仍处于起步阶段，还在持续不断地探索和完善其管理体制和运行机制，在发展过程中也存在一些困难和问题。目前，我国对科研机构的各项政策支持，在设计之初就是针对国有科研机构、外资研发中心这类机构的，而新型研发机构对政策需求与之有很大差别，这些政策对新型研发机构创新发展的支持作用不大。另外，新型研发机构的单位性质因投资主体的不同而有多种性质，有事业单位性质的，有民办非企业性质的，也有纯企业性质的。不同单位性质的新型研发机构有不同制约因素影响其享受政府政策支持，也导致政府很难对新型研发机构制定统筹协调、各具针对性的支持政策。[9]

广东省大多数新型研发机构目前还处于初步建设阶段，其中一些规模小、人才少，自主创新能力偏弱的新型研发机构，很少有真正能够支撑和引领产业发展的关键成果。新型研发机构对企业的科技创新服务能力偏

弱，大多数都只限于服务当地发展，无法对周边地区尤其是整个广东产业经济发展形成辐射带动作用。此外，从创新链上下游的主导带动作用来看，在有效地促进相关大学和其他科研机构的协作创新，并促进科技成果的转化方面仍然存在较大困难。

2. 新型研发机构对接产业过于集中

依据广东新型研发机构对接产业的统计，很明显，与高新技术产业对接的新型研发机构数量最多，接下来是现代服务业和先进制造业，但对接传统优势产业、基础产业和现代农业的相对较少。新型研发机构对接的产业过于集中，不具兼容性。具体来说，广东产业创新百花齐放，2017年后连续两年区域创新能力居全国第一，高新技术企业数量超4.5万家，数量居全国首位。其中高新技术产品产值占规模以上工业总产值比重达48.8%，对接高新技术产业的新型研发机构同样高达总量的44.3%。然而，对接服务业的新型研发机构数量只占22.1%。广东三大产业比重为4.0∶41.8∶54.2，与服务业在广东产业结构的比重相比，对接服务业的新型研发机构数量偏少。

2018年电子信息产业"一业独大"，对广东省工业增长的贡献率为39.3%。但客观上，广东的关键核心技术仍然受制于人，如电子信息产业"缺核少芯"明显，90%以上的高端芯片依赖进口；高端机器人和高端自动控制系统、高档数控机床、高档数控系统80%以上市场份额被国外产品占领。由此可见，产业对科研技术的需求仍然很大。除此之外，一些行业内面临周期性的调整，例如冶炼、陶瓷等传统制造行业的升级也有科研需求。生物医药领域的项目投入高产出慢，存在着高风险，这就需要许多人共同承担风险。目前广东仍然有很多产业对科学研究有很大需求，目前广东新型研发机构主要集中在高新技术产业，支撑传统产业和现代产业的机构数量仍然较少。

3. 新型研发机构对传统产业转型升级支撑较少

新型研发机构是区域科技创新体系的重要组成部分，是加快创新驱动发展的重要生力军，是推动科技经济融合发展的重要力量。积极培育发展新型研发机构，建立以市场为导向、科技创新为引领、支撑产业发展为目的的新型研发机制,加速科技成果资本化和产业化,对不断提升广东省科技创新实力,促进产业转型升级和战略新兴产业发展,推动创新发展、绿色发展、高质量发展,具有重要意义。

尽管,广东新型研发机构在成立之初就密切关注地方产业发展需求,并将研发创新立足点放在产业优化升级上,整合了"应用研究-技术开发-产业化应用-企业孵化"的科技创新全链条。新型研发机构的绩效衡量标准不再只看重论文、专利,更为看重最终的成果应用和企业孵化。新型研发机构追求的最终目标是催生和促进新兴产业发展,为全社会创造财富[10]。但总体而言,目前我省新型研发机构总体规模偏小,数量较少,对产业的支撑和引领作用还未凸显,目前仍处于发展的初级阶段,部分新型研发机构还挣扎在生存压力的边缘。虽然取得了一些成效,但能够真正对产业起到支撑引领作用的关键成果还不多。因此,新型研发机构对传统产业转型升级支撑还不够。

6.4 优化广东科研机构行业布局主要思路与方向

行业发展不可避免地由掠夺性开采自然资源、利用低端劳动力输出,逐渐向技术密集型、资本密集型、人才密集型、知识密集型转变,逐步转向输出工业产品、科技成果、高层次科技人才等。创新驱动发展战略背景下,应合理优化布局科研机构体系,进一步增强科研机构对技术创新的支撑引领作用。科研机构技术创新一旦产业化应用,对相关行业影响深远,科研机构行业布局与机构的技术创新方向密切相关,优化科研机构行业布局,既优化调整科研机构技术研发方向,与产业、经济、科技前沿关系更加贴合,也能进一步整合科研机构行业科技创新资源,提升科研机构创新能力。

6.4.1 优化科研机构产业体系布局

广东产业结构的调整要求科技发展继续沿着三个发展方向进行。一是继续加快发展高新技术产业，在扩大高新技术产业规模的同时，更要提高高新技术的科技含量和研究开发强度，提高自主知识产权产出，提高产品质量和性能，提高附加值，拓展新领域；二是适度发展工业的基础上，要通过科技创新延长产业链；三是在服务业中，强化研究开发，形成信息化、网络化、智能化的知识密集型的现代服务业，为向知识型社会过渡创造条件。产业结构转型升级离不开科技创新，科技创新发展离不开科研机构，优化科研机构产业布局体系，有利于广东经济和产业的发展。

在高新技术产业方面，广东高新技术产品产值连续多年居全国各省首位，已经成为广东的第一经济增长点，但技术密集度不高，产业规模大而获利能力低。产业 R&D 强度是衡量产业技术密集度和技术先进性的重要指标，高技术产业通过 R&D 经费与增加值之比来反映技术密集度。从本质上说，广东的大多数"高技术企业"并不是真正意义上的高技术企业，而是高技术产业中的劳动密集型环节。从知识创造角度来看，需要科研机构在一系列支柱产业的关键技术、共性技术以及一系列带有战略性和前瞻性的高新技术产业（如半导体、电子信息、生物工程、新能源、新材料等）的核心技术领域实现突破。

在制造业方面，目前，制造业发展正面临三大难题：一是广东制造业特别是传统制造业的可持续发展问题；二是提升广东制造业的产品竞争力、市场占有率、经济效益等问题；三是制造业产业链短，前端的高级原材料、器件依赖进口，中间的制造装备依赖进口，迫切需要从科技创新链上有新的突破。科研机构要积极满足广东制造业发展的科技需求，从战略上看主要有如下四个方面：一是提高装备制造水平的关键技术；二是流程制造业实施循环经济和清洁生产的关键技术；三是电子信息及通信设备制造的关键技术；四是制造业的共性技术。

在服务业方面，大力发展现代服务业，是广东经济结构调整的必然要求。从西方发达国家服务业发展过程来看，服务业不仅越来越成为国民经济的主体，而且其科技含量越来越高。大体上，科研机构满足服务业对科技的需求可以体现在三个方面：一是改造传统服务业，抓住信息技术的大规模应用机遇，加快传统服务业改造升级，如商业、交通运输、餐饮、行政管理等；二是发展知识型（高技术）服务业，如今高技术尤其是信息技术是促进服务业发展的关键，信息、咨询、法律、健康、娱乐、旅游、会计、展览等高技术含量的新兴产业在服务业增加值中的比重越来越高；三是支持服务业的教育培训，如今涌现出越来越多的新型服务业，这些新型服务业对知识的要求也越来越高，从业人员必须进行一定的技术培训才能胜任，培训过程也是知识和技术传播的过程。[11]

6.4.2 提升科研机构产业匹配度

借鉴国内外的经验，高校的研究与开发更侧重于基础研究和学术价值，对经济、产业和企业发展的技术问题未给予足够的重视；企业研究机构和研发力量则偏于薄弱，无法支撑相关产业创新和变革发展；政府类研究机构和力量专注于基础科学技术以及国防领域，不足以满足国家经济发展和改善人民生活的需要。因此，广东科研机构的布局优化要注重加强企业的技术开发和创新能力，平衡基础研究和应用研究的协调等问题，并根据广东经济发展需要和产业结构基础，合理调整和优化科研机构布局。

总的来说，作为产业技术领域开发和基础创新的主要战场和关键基础，省属主体科研机构在核心技术研究中具有原始创新与核心技术的先天优势，将发挥不可替代的作用[12]。但是，省属科研机构主要围绕传统产业研究开展，对以高新技术产业为主导产业的研究涉及较少，省属科研机构与主导产业匹配度不高，与各地产业发展的联系不够紧密，布局也不够合理，研发机制难以适应产业发展需求。

据此，建议科研机构结合广东主导产业发展，提升科研机构产业匹配度，促进主导产业快速发展，提升经济增长速度。例如，省会广州以IAB（新一代信息技术、人工智能、生物医药）、NEM（新能源、新材料）五大主导产业为提升方向，深圳以七大战略性新兴产业（新一代信息技术、互联网、新材料、生物、新能源、节能环保及文化创意）和四大未来产业（生命健康、航空航天、海洋及机器人、可穿戴设备和智能装备）为主导产业方向，二线城市东莞等也发力于新一代信息技术、高端装备制造、新材料、新能源、生命科学和生物技术五大重点新兴产业领域。省属科研机构在行业布局的调整应结合这些城市的产业发展方向，提高与城市产业的匹配度，促进与产业发展的协同。

6.4.3 推动科研机构成果转化

就省属科研机构而言，要围绕广东省战略性新兴产业和高新技术产业，组建或与企业共建产业技术研发中心、产业技术创新战略联盟，增强产业应用技术创新能力。鼓励有条件的省属科研机构加强院（所）地共建，参与创新型城市、高新技术产业园区、特色产业基地、科技企业孵化器等建设。大力实施创新驱动发展战略，推动省属科研机构开展科技成果转移转化服务活动，引导行业积极健康发展，以促进广东省经济社会发展。支持省属科研机构内设科研成果转化部门，负责科技成果转化与推广工作，与省级技术转移综合型高端枢纽平台广东省华南技术转移中心开展密切合作，切实推动科研机构科技成果转化。为激励科研人员和科研成果转化部门的积极性，除取得的净收入，除按规定对科研人员、成果转化团队发放奖金和报酬外，列入科技成果转移中心的发展资金或支持省属科研机构自身发展建设。

就新型研发机构而言，部分新型研发机构在最初发展便具有将高校、科研机构的成果与市场需求结合起来的作用，在甄别科研成果、评估可转化性上也有一定的能力。但随着技术发展和需求的不断活跃，也需要与像广东省华南技术转移中心这样更专业、更完备的技术转移服务平台开展深入合作。

参考文献

[1] 张宏丽,曾凯华,郑秋生.新形势下广东主体科研机构创新能力建设研究[J].科技与经济,2017,30(3):30-34.

[2] 刘巍巍,李荣,黄深钢.新兴产业领跑我国长三角地区新一轮"智慧转身"[EB/OL].(2010-07-02)[2020-01-30].http://www.gov.cn/jrzg/2010-07/02/content_1643746.htm.

[3] 袁传思.新型研发机构在产业技术联盟中的主体作用[J].科技管理研究,2016(9):112-115,125.

[4] 左朝胜.应运而生 趁势而起:广东省科技厅厅长黄宁生畅谈新型研发机构[N].科技日报,2014-09-26(11).

[5] 张珊珊.广东省新型研发机构建设模式及其机制研究[D].广州:华南理工大学,2016.

[6] 赵剑冬,戴青云.广东省新型研发机构数据分析及其体系构建[J].科技管理研究,2017,37(20):82-87.

[7] 曹娜,李红艳.高技术产业与国家科技投入协调性研究[J].科技管理研究,2019(16):42-49.

[8] 李健民,叶继涛.德国科研机构布局体系研究及启示[J].科学学与科学技术管理,2005(11):27-30.

[9] 佚名.广东新型研发机构发展报告:省部院产学研合作成一道亮丽风景线[N].科技日报,2015-03-11(08).

[10] 李兴华.没有科技创新就没有转型升级[N].科技日报,2013-06-14(12).

[11] 方和荣,黄爱东.厦门市新型工业化道路的科技需求分析[J].福建论坛(人文社会科学版),2006(5):115-117.

[12] 冯海波.我省促进新型研发机构高质量发展[N].广东科技报,2018-08-17(03).

第 7 章

优化广东科研机构行业与区域布局的政策建议

近年来，广东科技创新蓬勃发展，区域创新能力超越江苏跃居全国第一，科研机构在越来越优化的科技创新环境中取得长足发展成效，科技创新能力不断提高。然而，由于各地经济发展不平衡导致科研机构区域布局不平衡，对区域发展的创新引领作用不够凸显，新型研发机构发展还不够成熟，倒逼国家科研机构深化体制机制改革的作用不太明显等种种原因，广东科研机构的科研实力、创新能力亟待提升，区域与行业布局亟待优化，以发挥科研机构对区域经济社会科技发展的支撑作用。为合理优化科研机构布局体系，进一步增强科研机构的科技创新能力，为深入实施创新驱动发展战略提供强有力的科技支撑，要以优化科研机构区域布局和行业布局为抓手，促进区域和行业科技资源优化配置，加大科研装备和基础设施投入，深化科技体制机制改革，改善创新创业政策环境，加强科研人员的引进和培养。

7.1 完善科研机构区域布局，促进区域结构合理化

7.1.1 加强科研机构培育引进

当前广东科研机构发展取得了积极成效，越来越多地区意识到科技创新对经济产业发展的重要性。佛山、东莞具有非常迫切的产业转型升级需求，近几年布局建设了越来越多科研机构，支撑产业发展从原来劳动密集型转向技术密集型，经济从高速发展转向高质量发展。尽管科研机构区域不均衡性逐步得到改善优化，但目前仍呈现高度集中于珠三角地区的特点，经济欠发达的粤东西北地区的科研实力仍较为薄弱，对经济支撑作用不太明显。科研机构区域布局的不均衡问题，不仅制约区域创新能力提升，也在一定程度上使得区域经济发展不平衡问题更加突出。

一方面，建议以现有科研机构为支点，利用现有的学科基础、科研力量，根据广东科研工作需要，考虑优势区域代表性，通过传统科研机构与地方政府合办共建新型研发机构、在各地新设分支机构、加大粤东西北地

区设立新型研发机构的支持力度等措施，不断完善区域布局，延伸工作半径。另一方面，建立部省联动机制，共同推动科技部、教育部、工信部系统的国家科研力量来广东设立研发机构，加强与国际科技发达国家与地区的高水平科研机构和顶尖大学的联系与合作，充分把握双方共同需求，在合作共赢中吸引这些机构和大学来广东设立分支机构或共同设立科研机构。

7.1.2 基于产业需求优化科研机构区域布局

当前广东的科研机构区域分布非常不平衡，尤其是传统科研机构高度集中于省会广州市，这同样带来科研机构无法与地区产业优势结合协同发展的问题，尤其是传统科研机构的区域布局还未能与各地具有比较优势的产业相结合，如石油化工类科研机构并未布局在茂名、湛江、揭阳等沿海地区。根据现有科研机构布局，以主要优势产业区域为对象，结合广东省各地产业布局规划，在广东各地探索建设试验站、实验基地、研究分院等分支机构，同时加强引进符合各地产业发展的国家和国际科研机构。在建设过程中，注意整合科研机构的科技资源以及地区的产业基础，统筹科研机构与当地产业发展，加大来当地新设科研机构的政策优惠，如补贴启动资金、减免租金等。

7.2 完善科研机构行业布局，积极拓展技术创新空间

近年来，广东产业结构不断优化，电子信息、电器机械（机械、家电）、石油化工、纺织服装、食品饮料、建材、造纸、医药、汽车等九大重点产业的集中度不断提高。尤其是广东目前已经形成了新一代移动通信、平板显示、高端软件、半导体照明、生物医药、智能制造装备、新材料等产值规模超千亿元的新兴产业集群。广东省的科研机构属于不同行业，由不同的主管部门管理，因此科研机构的能力是有所差别的，无法做

到有力支持广东省的科技创新。因此，科研机构应与产业发展紧密结合在一起，进一步提升区域创新能力，带动产业转型升级。

7.2.1 提高科研机构与产业匹配度

根据广东省属科研机构与产业匹配度分析，广东省属科研机构与产业的总偏离度在 0～1 之间，因而广东省属科研机构与产业的匹配性较好，各产业的研发机构数量与科研机构数量的需求间差距较小，科研机构产业布局较为合理。尽管，广东省属科研机构按照四大领域分类的产业匹配度实证测量结果显示广东省属科研机构与产业的匹配性较好，但这些科研机构专注于不同产业领域开展科学研究，不少产业领域并非广东省城市支柱产业或未来布局发展的主导产业。从新型研发机构来说，广东新型研发机构对接的产业大多为高新技术产业，其次是现代服务业和先进制造业，对接的产业比较集中，尤其对传统产业的支持较少。而广东传统产业转型升级需求仍然非常迫切。显然，广东科研机构当前与各地主导产业匹配度不高，与当地产业发展的联系也不够紧密，行业布局不够合理。因此，建议广东科研机构要结合广东主导产业发展，根据产业发展特点新设或调整科研方向，对于未来产业发展规划方向，也提早布局开展研究。

7.2.2 探索技术转移商业化模式

广东科研机构一直以来存在的问题是科研机构的成果转化率偏低。新型研发机构涌现后，与市场联系紧密的原因，使得新型研发机构科研成果转化情况有所好转。科研成果转化效率不高，主要原因在于研究没有从产业实际需求出发，现有研发并非根据产业需求来开展，而是先研发出科技成果再去产业中推广应用。应用研究需要更多从产业实际需求着手，基础研究一般离产业还有一些距离，其研究成果也非常可能会有很好的市场前景，很多重大科技变革都是从基础研究中衍生应用的。如何将具有市场前景的基础研究成果真正推广应用到产业中，这就需要技术转移转化。当前广东部分新型研发机构在探索尝试将基础研究成果转化到产业中，将高校科研成果向产业化进行转化。新型研发机构的运作优势，使其具有推动科技成果转移商业化的动力。除了要进一步推广新型研发机构技术转移的商业模式，引导具备条件的科研机构大力发展技术转移转化外，广东要加快广东省华南技术转移中心有限公司这一综合型技术转移转化高端枢纽平台建设，发挥平台技术转移转化资源整合优势，将产业实际需求与科研机构对接，真正建立以产业需求为导向的研发体系。[1]

7.3 促进科技资源优化配置，加强行业创新能力建设

7.3.1 促进科技资源行业与区域优化配置

我省经过二十余年的科技体制改革，科技资源配置已转移到以市场为基础的轨道上，但政府在科技资源配置上仍须起重要主导作用。首先，政府必须在实现发展战略中发挥宏观调控作用，对公共科技进行有效的整合管理，解决在重大科技发展上缺乏有效动员能力的问题，对公共财政科技资源进行分类整合和优化配置，并带动全社会科技资源按市场规则运行。其次，按照创新理论，在市场经济条件下，存在着市场失效。例如，科技资源由于虹吸效应往往向经济发展好的中心城市聚集，区域科技资源发展不平衡；又如，从行业看，对一些周期长、风险大、社会效益好而经济效益未必好的行业科技难题，企业不一定乐于配置科技资源。在这方面，广东省科研机构的发展就是其中的缩影，映射出科技资源的行业分布和区域分布不均衡问题。政府必须要从公众利益与国家利益出发，对这些地区和行业科技创新要运用各种政府资源重点扶持。为此建议：在行业方面，围绕广东经济社会发展的战略需求，整合现有科技、人才资源，创新管理模式和运行机制，以广东省科研机构为主体，组建工业、农业和社会发展三大科技创新板块；在区域方面，结合粤港澳大湾区发展规划和广东各地经济社会发展的科技战略需求，适当向粤东西北部科技创新发展较弱的地区倾斜资源，鼓励广东省科研机构在各地设立分支机构，带动各地科技创新发展。

7.3.2 完善全社会科技资源共享机制

通过公共科技政策和政府财政投入的引导和扶持,加强科技能力建设,实施科技资源共享工程,是在市场经济条件下,充分发挥政府和市场在配置科技资源方面的综合优势,改善科技创新基础条件,提高效率,提高创新能力的重要措施。

(1) 设立科技能力建设引导专项,加大对科技基础设施建设的支持力度。设立科技能力建设引导专项的原则是:①环绕自主创新能力的基础;②将科技任务与基础设施建设、科学仪器设置、科技人才能力建设密切结合起来;③必须建立起新的体制与机制,进行管理创新与制度创新;④坚持整合各类科技资源;⑤计划执行实施项目管理与绩效考核。

广东要加强科技条件平台和基础设施建设,设立专项计划和专项资金,重点支持研究实验和观测支撑体系与基地、大型科学设施、自然资金保存,网络科技环境与科技基础数据、科技信息共享服务体系建设,计量、监测和技术标准、科普基地等,建立产业技术信息中心,为企业了解世界产业技术发展方向、趋势和科技途径选择提供支撑。

(2) 完善全社会科技资源共享机制。科技基础条件平台的建设,必须具有社会共享性和公益性,必须为全社会科学技术研究和创新活动提供及时有效的支持。对主要由政府投资形成的科技资源,包括可共享的科研仪器设备、科学数据、信息情报文献、种质资源、计量与检测,以及自然博物馆和科学技术馆等设施,应进行合理的综合集成,形成合力,提高利用效率,实行政府管制的价格收费制度,并建立价格听证制度。

7.4 加大财政科技投入,提高基础设施建设水平

7.4.1 保障科研机构财政投入稳定增长

近年来,广东省财政对科学和技术投入的总量不断增加,位居全国兄

弟省市的前列，但与全省经济社会发展对科学技术发展的迫切需求还不相适应，对基础研究、应用研究以及研究机构的投入比例均低于全国平均水平。要优化科研机构行业与区域布局，必须进一步深化科技投入预算和决算管理体制的改革，完善与省财政收入相应增长的科技投入体系，使科技投入稳定增长，提高科技投入的使用效率，为科研机构发展提供有力的资金保障。

（1）形成省科技财政稳定增长机制。实践证明，政府的科技投入不仅对实现全省科技战略目标具有不可替代的作用，而且对动员更广泛的社会资源向科技领域配置也具有极其重要的意义。

（2）建立严格的政府科技投入管理制度。为了确保省财政科技投入的效率，必须建立严格的科技投入责任制，要普遍推行现代科技项目管理，实行项目全过程的科学管理。对国有科技实物资产，实行台账制度和责任管理制度。使用单位对科技实物资源负责维护与管理，实行资产使用与管理问责制。

7.4.2 加大科研装备与基础设施投入规模

省属科研机构的发展和改革不以营利为目的，承担了很多基础性、公益性科研任务，因此更需要政府对其基本发展给予长期稳定的支持。为更好地完成这些基础性、公益性科研任务，要不断完善科研装备和基础设施，保障科研人员开展研究的基础条件。并且针对各自科研领域的研究特点，根据不同科研机构的情况相应加大科研装备和基础设施投入规模，进一步提升省属科研机构的科技创新能力。同时，对新型研发机构，也要加大相关基础设施和装备的经费投入，例如可以通过设置相关专项来增加经费投入，另外要充分发挥新型研发机构体制灵活的优势，推动科研仪器设备通关便利，促进科研资源粤港澳大湾区内互联互通。[2]

7.5 深化科技体制机制改革，支持科研机构多元化发展

7.5.1 继续深化传统科研机构科研体制改革

自 1999 年科研体制改革后，广东省属公益类科研机构科研人员的竞争意识、市场意识得以提高，各方面也取得了不错的成绩。但经过多年的实践，暴露出两个问题：一是规模小，科研实力弱；二是科研骨干人员流失严重。由于省属科研机构的收入偏低，导致吸引和培养优秀人才的能力不足，使省属科研机构要更多地为生存而烦恼。另外，目前省属科研机构由于历史原因，区域布局和行业布局不甚合理，尤其是在区域布局上高度集中于广州。受限于体制、机制原因，政府类科研机构在地方新设分支机构也受到很多制约因素影响。因此，为进一步提升省属科研机构的创新能力以及优化省属科研机构区域与行业布局，需要从根本上解决当前存在的深层次问题，从而进一步深化科研体制改革。

为此，首先要为省属科研机构提供更稳定的科研环境，在制定重大决策前应进行充分的调研、分析，并在进行试点改革后方可进行推广，以使科研机构能够及时有效地找出解决相关问题的对策。其次应当积极协调科技体制改革与其他改革协调发展的问题，如人事、劳资、社会保险等问题；同时主管部门应加强协调，以便当各主管部门职能和工作重点不同、管理理念有所差异时也能够进行有效的管理。此外，还应对省属科研机构实行更多元化的监督管理制度。对省属科研机构实行目标管理，实行省属科研机构编制约束管理，建立规范化的财务审计制度，完善省属科研机构的评估制度，健全科学技术委员会并发挥其咨询和监督作用。加快建设能明确自身职责并更好地评价科研项目的现代科研院所制度，建立起协同合作的机制，进一步完善和改革现行的人事制度、分配制度；健全财务制度；健全省属科研机构经费收入与支出管理制度，规范经费收支管理，加

强成本意识，提高省属科研机构对项目经费的使用效率。最后，还应根据广东的经济发展需要和科学技术发展战略，适时调整科研重点，有必要加大基础研究投入力度，在培育原始性创新的萌芽的同时，为应用研究、试验发展研究提供理论支撑。[3]

7.5.2 构建新型研发机构市场化运行机制

相比省属科研机构，新型研发机构与市场距离更近，区域布局与行业布局也更加市场化，布局逐步趋于合理。经过这几年发展，广东新型研发机构仍然处于发展的初期阶段，能够像中国科学院深圳先进技术研究院、深圳清华大学研究院这样实现可持续发展的机构还是很少的，大部分新型研发机构的发展仍然非常缓慢。要抓住当前广东经济向高质量发展转变、产业转型升级的关键期，坚持以市场为主导，政府引导新型研发机构突破以往科研机构体制机制制约，发挥机构自身资源优势，重视科技成果与产业需求的有效衔接，建立与科研机构发展相适应的新型研发机构企业化运营管理机制，在市场中不断提升与完善机构自身创新能力。引导和鼓励更多资本和主体，如国有和民营企业、高校科研院所、民间非营利研发组织等，创办各种形式的新型研发机构，投身新型研发机构建设。

另外，政府对新型研发机构的指导和支持，也要针对不同类型、不同领域的新型研发机构实施分类指导。不同地区、不同类型、不同领域的新型研发机构面临的制约发展突出问题各有不同，有的是缺乏高层次人才，有的是发展资历尚浅不足以承担传统科研项目，有的是资金短缺等。政府可研究出台促进新型研发机构分类发展的意见，加大扶持新型研发机构建设的经费投入力度，在人才引进、科技金融、产业对接等方面给予支持[4]。

7.6 完善科研机构政策环境，提高科研机构创新竞争力

7.6.1 大力改善新型研发机构政策环境

近年，广东新型研发机构的地区分布渐趋合理，佛山、东莞、珠海这类新中心城市新型研发机构的发展趋势紧随广州、深圳其后。这与东莞、珠海、佛山等城市近些年出台了各类引才创新创业政策有很大关联。当地政府营造了良好的创新创业城市氛围，创造了吸引力强的政策环境，因此吸引众多人才、高校、企业到佛山、东莞、珠海等地创办新型研发机构。深圳拥有较多新型研发机构，也是以此形式吸引来的，因此建议各地政府借鉴深圳、佛山、东莞、珠海等地经验，首先改善当地营商环境，出台支持人才、企业、科研机构发展的各项优惠政策，并针对新型研发机构发展的问题，研究包括财政支持、人才引进、科研项目申请和承担、租金优惠、税收优惠等各方面的支持政策，吸引人才、高校、企业到各地创办新型研发机构，激发新型研发机构建设浪潮。

7.6.2 强化省属公益类科研机构政策保障

当前对省属科研机构的政策支持不足主要在于指定的政策不够具体，不能很好地落实，要加强省属科研机构政策的具体性和可操作性，细化政策内容以发挥预期作用，避免政策实施的过程中出现各种问题。同时，省属科研机构的发展和改革由于其不以营利为目的性质，更加需要政府提供及时有效的政策措施，只有给予省属科研机构长期稳定的政策保障，才能更好地推动省属科研机构在机构改革后能进一步提升自身的创新能力。

为此，在政策的制定上，要针对省属科研机构的特点。首先要加强对省属科研机构的资源整合和学科交叉，促进科研机构与高校以及科研机构之间的协同合作；然后还要进一步加大财政投入力度，建立稳定的科研经

费支持机制,大幅度提高省属科研机构的创新和服务能力,逐步提高科研机构运行经费的保障水平。要进一步加大科研条件建设经费投入,为科技人员创造一个更优质的科研工作环境,从而营造良好氛围以吸引更多的优秀人才。

另外,还要对省属科研机构承担的基础性科研任务给予重点支持,政府类科研机构与新型研发机构还是有所错位的,像省属科研机构这类政府单位仍然要支持国家公益性、基础性科研任务,政府也应当优先考虑由相关研究领域的省属科研机构承担科技计划中的公益性和基础性课题和项目,不能因为科研机构改革而迫使公益性、基础性的研究得不到保障。但也要结合科研机构改革与发展情况,加强长期公益科研课题和项目的监管,一方面监督长期公益性、基础性科研任务的有效落实,另一方面提升省属科研机构的创新能力。

在税收优惠政策方面,目前国外在法律体系上对公益类科研机构都有明确的税收优惠规定,但广东省属科研机构税收优惠条款尚未完善。省属科研机构应该享受较为优惠的税收政策。建议及时以法律法规的方式,对省属科研机构的资质认定和登记管理程序进行规范。认定程序后,应根据不同研究领域及研究项目,对省属科研机构施行不同额度的税收优惠条件。

7.7 加强高层次人才引进和培养,优化科研机构人才资源

7.7.1 建立健全的科研人才引进与激励政策

广东科研机构行业与区域布局的不均衡性很大程度上也取决于科研人员的不均衡性。受强大的市场竞争力的驱动,珠三角地区经济收入水平相对较高,市场对人力资源的配置能力较强,因此,珠三角地区相较于粤东西北地区对科技人员的吸引力也更强。另外,对一些周期长、风险大、社

会效益好而短期经济效益未必好的行业，往往也难以吸引科研人员。优化科研机构的区域和行业布局，要制定针对性的人才引进和激励政策。在区域上，对粤东西北地区的科研人员采取更加多元化的科研人员引进和激励措施，集聚国内外优质科研人员，发挥科技机构的骨干作用，推动区域科技创新能力提升，进而传导到经济与社会发展领域，促进区域经济发展。在行业上，除了通过政策引进投入大、周期长行业的国内外人才外，还要注重这些行业的人才培养，高校学科设置和人才培养要走在研究前沿，除了针对市场的人才需求变化调整高校人才培养方向外，也要注意坚持培养短期市场效益不好而长期经济社会效益好的行业人才。

7.7.2 建立科研人员科学考核激励机制

科技创新，人才是关键，科研人才是科研机构的重要创新资源。以省属科研机构为代表的政府类科研机构，科研人员管理面临新型研发机构冲击以及体制机制束缚人才创新和发展的双重问题，亟须借鉴国内外的成功经验，尤其是新型研发机构对于人才考核激励的做法，参照广东省科技体制的实际情况对省属科研机构人员人事制度改革进行实践。建议先试点推行市场化用人机制和薪酬考核激励制度，对人员聘用采用聘任制，但与传统编制内外的人员待遇身份认同差异不同，改革后的聘用制应趋于市场化，由单位自主决定人员岗位、薪酬等。同时，也要建立起适应省属科研机构的人员考核、晋升、激励机制，实行岗位KPI考核，按岗定酬、按任务定酬、按业绩定酬，奖罚分明。在此基础上也要提高科研人员的待遇，要注重科研质量与效益，并采取竞争淘汰机制，使科研队伍有一定的竞争压力，从而保持科研机构科研人员的活力与斗志。

除此之外，还要吸引更为优秀的科研人才，充实基础研究队伍，吸引更多真正热衷于科研工作的人才力量。可以采取向国内外招聘的方式，吸引在国际上有影响、有突出成就的优秀科学家，作为学术带头人，并给予其充分的人财物支配权以及良好的科研环境[5]。

参考文献

[1] 陈雪. 广东新型研发机构促进科技成果转化的发展模式分析 [J]. 广东科技, 2018 (4): 56–59.

[2] 柴瑜. 重庆市公益类科研院所技术创新能力评价研究 [D]. 重庆: 重庆大学, 2012.

[3] 范旭, 张丽霞. 广东省属公益类科研机构改革现状与对策分析 [J]. 中国科技论坛, 2010 (11): 17–23.

[4] 廖颖宁. 我国新型研发机构探析——以广东为例 [J]. 中国科技产业, 2016 (8): 70–76.

[5] 柯进生. 提升我国科研原始创新能力的战略思考 [J]. 研究与发展管理, 2006 (2): 118–124.

附 录

表1 广东省属科研机构行业、区域情况表

主管单位	单位名称	行业研究领域	所在城市
广东省科学院	广州地理研究所	社会发展领域咨询服务	广州
	广东省微生物研究所	农业领域技术研发	广州
	广东省医疗器械研究所	工业领域技术研发	广州
	广东省测试分析研究所	科技咨询服务	广州
	广东省生物工程研究所（广州甘蔗糖业研究所）	工业领域技术研发	广州
	广东省生态环境技术研究所	工业领域技术研发	广州
	广东省生物资源应用研究所	工业领域技术研发	广州
	广东省电子电器研究所	工业领域技术研发	广州
	广东省资源综合利用研究所	工业领域技术研发	广州
	广东省稀有金属研究所	工业领域技术研发	广州
	广东省新材料研究所	工业领域技术研发	广州
	广东省半导体产业技术研究院	工业领域技术研发	广州
	广东省焊接技术研究所	工业领域技术研发	广州
	广东省工业分析检测中心	工业领域技术研发	广州
	广东省智能制造研究所	工业领域技术研发	广州
	广东省石油与精细化工研究院	工业领域技术研发	广州
	广东省材料与加工研究所	工业领域技术研发	广州
	广东省科技图书馆（广东省科技信息与发展战略研究所）	社会发展领域咨询服务	广州
	广东省工业技术成果转化推广中心	科技咨询服务	广州
广东省科技服务业研究院	广东省技术经济研究发展中心	科技咨询服务	广州
	广东省科学技术情报研究所	科技咨询服务	广州
	广东省科技基础条件平台中心	科技咨询服务	广州
	广东省科技合作研究促进中心	科技咨询服务	广州
	广东省科技创新监测研究中心	科技咨询服务	广州

续表

主管单位	单位名称	行业研究领域	所在城市
广东省农业科学院	广东省农业科学院水稻研究所	农业领域技术研发	广州
	广东省农业科学院果树研究所	农业领域技术研发	广州
	广东省农业科学院蔬菜研究所	农业领域技术研发	广州
	广东省农业科学院作物研究所	农业领域技术研发	广州
	广东省农业科学院植物保护研究所	农业领域技术研发	广州
	广东省农业科学院动物科学研究所	农业领域技术研发	广州
	广东省农业科学院蚕业与农产品加工研究所	农业领域技术研发	广州
	广东省农业科学院农业资源与环境研究所	农业领域技术研发	广州
	广东省农业科学院动物卫生研究所	农业领域技术研发	广州
	广东省农业科学院农业经济与农村发展研究所	科技咨询服务	广州
	广东省农业科学院茶叶研究所	农业领域技术研发	广州
	广东省农业科学院环境园艺研究所	农业领域技术研发	广州
	广东省农业科学院农业科研试验示范场	农业领域技术研发	广州
	广东省农业科学院农业生物基因研究中心	农业领域技术研发	广州
	广东省农业科学院农产品公共监测中心	农业领域技术研发	广州
广东省科技厅	广东省实验动物监测所	科技咨询服务	广州
	广东省生产力促进中心	科技咨询服务	广州
广东省广业检测检验集团有限公司	广东省化学纤维研究所	工业领域技术研发	广州
	广东省机械研究所	工业领域技术研发	广州
	广东省工程技术研究所	工业领域技术研发	广州
	广东省建筑材料研究院	工业领域技术研发	广州
	广东省造纸研究所	工业领域技术研发	广州
	广东省食品工业研究所	工业领域技术研发	广州
	广东省大埔陶瓷工业研究所	工业领域技术研发	梅州
	广东省陶瓷研究所	工业领域技术研发	汕头
	广州机械设计研究所	工业领域技术研发	广州

续表

主管单位	单位名称	行业研究领域	所在城市
广东省广晟资产经营有限公司	广东省电子技术研究所	工业领域技术研发	广州
	广东省钢铁研究所（广东省冶金产品质量检测中心）	工业领域技术研发	广州
	广州半导体材料研究所	工业领域技术研发	广州
广东省人民医院	广东省老年医学研究所	社会发展领域咨询服务	广州
	广东省心血管病研究所	社会发展领域咨询服务	广州
广东省卫生和计划生育委员会	广东省计划生育科学技术研究所	社会发展领域咨询服务	广州
	广东省医学学术交流中心（广东省医学情报研究所）	社会发展领域咨询服务	广州
广东省林业厅	广东省林业科学研究院	农业领域技术研发	广州
广东省农业厅	广东省现代农业装备研究所	工业领域技术研发	广州
广东省水利厅	广东省水利水电科学研究院	工业领域技术研发	广州
广东省中医药局	广东省中医药工程技术研究院	社会发展领域咨询服务	广州
广东省发展和改革委员会	广东省价格政策研究中心	社会发展领域咨询服务	广州
广东省安全生产监督管理局	广东省安全生产技术中心	社会发展领域咨询服务	广州
广东省体育局	广东省体育科学研究所	社会发展领域咨询服务	广州
广东省航运集团有限公司	广东省航运科学研究所	社会发展领域咨询服务	广州
广东省粮管局	广东省粮食科学研究所	社会发展领域咨询服务	广州

表2 2015—2017年广东省新型研发机构清单

序号	认定时间	机构名称	所在城市
1	2015	中国科学院深圳先进技术研究院	深圳
2	2015	深圳清华大学研究院	深圳
3	2015	东莞中国科学院云计算产业技术创新与育成中心	东莞
4	2015	东莞华中科技大学制造工程研究院	东莞
5	2015	东莞电子科技大学电子信息工程研究院	东莞
6	2015	中国科学院广州生物医药与健康研究院	广州
7	2015	深圳华大基因研究院	深圳
8	2015	清华大学深圳研究生院	深圳
9	2015	广州中国科学院工业技术研究院	广州
10	2015	深港产学研基地	深圳
11	2015	香港城市大学深圳研究院	深圳
12	2015	广州中国科学院沈阳自动化研究所分所	广州
13	2015	佛山中国科学院产业技术研究院	佛山
14	2015	中山大学深圳研究院	深圳
15	2015	北京大学深圳研究院	深圳
17	2015	香港理工大学深圳研究院	深圳
18	2015	广州中国科学院软件应用技术研究所	广州
19	2015	广州中国科学院先进技术研究所	广州
20	2015	北京大学东莞光电研究院	东莞
21	2015	香港科技大学深圳研究院	深圳
22	2015	广州医药研究总院	广州
23	2015	佛山市中国科学院上海硅酸盐研究所陶瓷研发中心	佛山
24	2015	东莞华南设计创新院	东莞
25	2015	珠海格力节能环保制冷技术研究中心	珠海
26	2015	佛山市南海区广工大数控装备协同创新研究院	佛山
27	2015	深圳光启高等理工研究院	深圳
28	2015	惠州市亿纬新能源研究院	惠州
29	2015	东莞广州中医药大学中医药数理工程研究院	东莞
30	2015	东莞中山大学研究院	东莞
31	2015	中山市华南理工大学现代产业技术研究院	中山
32	2015	汕头轻工装备研究院	汕头

续表

序号	认定时间	机构名称	所在城市
33	2015	广州市香港科大霍英东研究院	广州
34	2015	广东华南家电研究院	佛山
35	2015	佛山市环保技术与装备研发专业中心	佛山
36	2015	广东广天机电工业研究院	江门
37	2015	广东顺德中山大学卡内基梅隆大学国际联合研究院	佛山
38	2015	广州金域检验转化医学研究院	广州
39	2015	广东电子工业研究院	东莞
40	2015	广东顺德西安交通大学研究院	佛山
41	2015	武汉大学深圳研究院	深圳
42	2015	中山大学南沙研究院	广州
43	2015	中山大学惠州研究院	惠州
44	2015	佛山智慧制造研究院有限公司	佛山
45	2015	佛山市香港科技大学LED–FPD工程技术研究开发中心	佛山
46	2015	珠海市吉林大学无机合成与制备化学重点实验室	珠海
47	2015	广东华南新药创制中心	广州
48	2015	中山市国林沉香科学研究所	中山
49	2015	惠州市德赛工业研究院	惠州
50	2015	南方医科大学松山湖动物实验研究院	东莞
51	2015	广州超级计算中心	广州
52	2015	佛山市南方数据科学研究院	佛山
53	2015	中山北京理工大学研究院	中山
54	2015	中山市武汉理工大学先进工程技术研究院	中山
55	2015	佛山市高明区（中国科学院）新材料专业中心	佛山
56	2015	军事医学科学院华南干细胞与再生医学研究中心	广州
57	2015	东莞市横沥模具产业协同创新中心	东莞
58	2015	深圳市国华光电研究院	深圳
59	2015	华南协同创新研究院	东莞
60	2015	广东华南工业设计院	东莞
61	2015	顺德中山大学太阳能研究院	佛山
62	2015	深圳市圆梦精密技术研究院	深圳

续表

序号	认定时间	机构名称	所在城市
63	2015	佛山市南海中国科学院中医药生物科技产业中心	佛山
64	2015	广东顺德工业设计研究院	佛山
65	2015	佛山市中山大学研究院	佛山
66	2015	佛山市功能高分子材料与精细化学品专业中心	佛山
67	2015	广东省半导体照明产业联合创新中心	佛山
68	2015	珠海南方集成电路设计服务中心	珠海
69	2015	深圳市创新设计研究院	深圳
70	2015	中国科学院广州能源研究所佛山三水能源环境技术创新与育成中心	佛山
71	2015	广州市民科半导体照明标杆体系研究中心	广州
72	2015	珠海南方软件网络评测中心	珠海
73	2015	广东海大畜牧兽医研究院	广州
74	2015	广东华科新材料研究院	江门
75	2015	虎门服装技术创新中心	东莞
76	2015	广州赛西标准检测研究院	广州
77	2015	中国科学院EDA中心南海分中心	佛山
78	2015	暨南大学韶关研究院	韶关
79	2015	中科院广州化学所韶关技术创新与育成中心	韶关
80	2015	广州智慧城市发展研究院	广州
81	2015	广州市数字视频编解码技术国家工程实验室研究开发与产业化中心	广州
82	2015	汕尾市海洋产业研究院	汕尾
83	2015	东莞同济大学研究院	东莞
84	2015	河源市盆地一号生物绿色防控研究院	河源
85	2015	东莞市清洁生产科技中心	东莞
86	2015	广东中盛药物研究院	汕头
87	2015	广东华南精细化工研究院	江门
88	2015	揭阳市中科金属科技研究院	揭阳
89	2015	深圳市坤健创新药物研究院	深圳
90	2015	汕尾市创新工业设计研究院	汕尾
91	2015	河源广工大协同创新研究院	河源

续表

序号	认定时间	机构名称	所在城市
92	2015	珠海南医大生物医药公共服务平台	珠海
93	2015	深圳市万泽中南研究院	深圳
94	2015	广州南沙3D打印创新研究院	广州
95	2015	珠海诺贝尔国际生物医药研究院	珠海
96	2015	宜安科技新材料研究院	东莞
97	2015	TCL集团工业研究院	深圳
98	2015	德美化工研究院	佛山
99	2015	广州珠江钢琴集团股份有限公司乐器工程研究院	广州
100	2015	广东东阳光药业研究院	广州
101	2015	丽珠集团生物医药研究院	珠海
102	2015	巨轮股份智能制造装备研究院	广州
103	2015	广州广电运通货币处理研究院	广州
104	2015	广东美的厨房电器制造有限公司厨房电器研究院	佛山
105	2015	广东风华电子研究院	广州
106	2015	广东明阳风电产业集团风电技术研究院	中山
107	2015	广东美的暖通设备研究院	佛山
108	2015	美的制冷研究院	佛山
109	2015	深圳市燃气集团燃气技术研究院	深圳
110	2015	广东威灵微型电机技术研究院	佛山
111	2015	广东申菱环境系统研究院	佛山
112	2015	广东恒健质子治疗技术装置创新研究中心	广州
113	2015	棕榈生态园林研究院棕榈园林股份有限公司	中山
114	2015	广东壹号地方猪研究院	湛江
115	2015	珠海许继配网自动化研究院	珠海
116	2015	广东科杰机械自动化研究院	江门
117	2015	广州市建筑科学研究院	广州
118	2015	中科院广州新型特种精细化学品研究院	广州
119	2015	深圳市城市交通规划设计研究中心	深圳
120	2015	广州合成材料研究院	广州
121	2015	深圳市勘察研究院	深圳
122	2015	广州市建筑材料工业研究所	广州

续表

序号	认定时间	机构名称	所在城市
123	2015	广东省电子技术研究所	广州
124	2015	广州市二轻工业科学技术研究所	广州
125	2015	广州市日用化学工业研究所	广州
126	2016	清华珠三角研究院	广州
127	2016	广州中国科学院计算机网络信息中心	广州
128	2016	广州智能装备研究院	广州
129	2016	广东星创众谱仪器研究院	广州
130	2016	金发科技新材料研究院	广州
131	2016	广东省赛莱拉干细胞研究院	广州
132	2016	广东合丁新材料研究院	广州
133	2016	广州海格通信研究院	广州
134	2016	广州杰赛通信与信息技术研究院	广州
135	2016	蓝盾信息安全企业研究院	广州
136	2016	广州市光机电技术研究院	广州
137	2016	聚华印刷显示技术研究院	广州
138	2016	香雪生命科学研究院	广州
139	2016	广东省网络空间安全创新技术研究院	广州
140	2016	百奥泰生物科技研究院	广州
141	2016	中山大学花都产业科技研究院	广州
142	2016	深圳市先进石墨烯应用技术研究院	深圳
143	2016	深圳超多维光电子研究院	深圳
144	2016	深圳市国创新能源研究院	深圳
145	2016	深圳市未来媒体技术研究院	深圳
146	2016	深圳市太空科技南方研究院	深圳
147	2016	北京大学深圳研究生院	深圳
148	2016	国家超级计算深圳中心（深圳云计算中心）	深圳
149	2016	华星光电 AMOLED 技术研究院	深圳
150	2016	深圳市微纳集成电路与系统应用研究院	深圳
151	2016	安科智慧城市技术（中国）有限公司中央研究院	深圳
152	2016	佛山智能装备技术研究院	佛山
153	2016	佛山赛宝信息产业技术研究院	佛山

续表

序号	认定时间	机构名称	所在城市
154	2016	华南智能机器人创新研究院	佛山
155	2016	广东华南计算技术研究所	佛山
156	2016	广东三水合肥工业大学研究院	佛山
157	2016	东莞中子科学中心	东莞
158	2016	清华东莞创新中心	东莞
159	2016	东莞暨南大学研究院	东莞
160	2016	广东省智能机器人研究院	东莞
161	2016	东莞松山湖国际机器人研究院	东莞
162	2016	东莞材料基因高等理工研究院	东莞
163	2016	华南理工大学珠海现代产业创新研究院	珠海
164	2016	珠海和佳医疗器械创新研究院	珠海
165	2016	中航通飞研究院	珠海
166	2016	珠海天威打印耗材及增材制造技术研究院	珠海
167	2016	中科院自动化研究所惠州先进制造产业技术研究院	惠州
168	2016	惠州市硕贝德科技创新研究院	惠州
169	2016	惠州华阳汽车电子研究院	惠州
170	2016	中山大学公共卫生学院中山研究院	中山
171	2016	广东汉唐快速制造应用技术研究院	中山
172	2016	中山市武汉大学技术转移中心	中山
173	2016	广东思玛特工业设计研究院	汕头
174	2016	汕头市超声仪器研究所	汕头
175	2016	广东雅绿特种经济植物研究院	汕头
176	2016	广东北工商绿色护肤品研究院	汕头
177	2016	韶关市华工高新技术产业研究院	韶关
178	2016	江门市智能装备制造研究院	江门
179	2016	佛山（云浮）氢能产业与新材料发展研究院	云浮
180	2016	阳江市五金刀剪产业技术研究院	阳江
181	2016	汕尾市青梅产业研究院	汕尾
182	2017	浙江大学华南工业技术研究院	广州
183	2017	广东莱恩医药研究院有限公司	广州
184	2017	广州化工研究设计院	广州

续表

序号	认定时间	机构名称	所在城市
185	2017	广州暨南生物医药研究开发基地有限公司	广州
186	2017	广东暨大基因药物工程研究中心有限公司	广州
187	2017	广东华南联合疫苗开发院有限公司	广州
188	2017	广东高质资源环境研究院有限公司	广州
189	2017	广州中大数字家庭工程技术研究中心有限公司	广州
190	2017	深圳航天科技创新研究院	深圳
191	2017	深圳市智能机器人研究院	深圳
192	2017	深圳北斗应用技术研究院有限公司	深圳
193	2017	深圳海王医药科技研究院有限公司	深圳
194	2017	香港中文大学深圳研究院	深圳
195	2017	深圳市新一代信息技术研究院有限公司	深圳
196	2017	深圳八六三计划材料表面技术研发中心	深圳
197	2017	深圳市太赫兹科技创新研究院	深圳
198	2017	深圳市桥博设计研究院有限公司	深圳
199	2017	深圳市免疫基因治疗研究院	深圳
200	2017	香港大学深圳研究院	深圳
201	2017	佛山市三水区诺尔贝机器人研究院有限公司	佛山
202	2017	东莞先进光纤应用技术研究院有限公司	东莞
203	2017	东莞北京航空航天大学研究院	东莞
204	2017	珠海深圳清华大学研究院创新中心	珠海
205	2017	珠海霍普金斯医药研究院股份有限公司	珠海
206	2017	中山云超算软件科技研究院有限公司	中山
207	2017	中山市永恒化工新材料研究院有限公司	中山
208	2017	惠州市三航无人机技术研究院	惠州
209	2017	惠州市广工大物联网协同创新研究院有限公司	惠州
210	2017	江门市大健康国际创新研究院	江门
211	2017	智能制造研究院（肇庆高要）有限公司	肇庆
212	2017	潮州市潮安区庵埠食品与软包装研究所	潮州
213	2017	广东众和中德精细化工研究开发有限公司	茂名
214	2017	广东聚航新材料研究院有限公司	清远
215	2017	广东三椒口腔健康产业研究院有限公司	汕头

续表

序号	认定时间	机构名称	所在城市
216	2017	广东金贝贝智能机器人研究院有限公司	汕头
217	2017	汕头市天悦食品工业技术研究院有限公司	汕头
218	2017	广东金明智能装备研究院有限公司	汕头
219	2017	汕尾市现代畜牧产业研究院	汕尾
220	2017	云浮华云创新设计有限公司	云浮

表3 科研机构创新能力评价指标原始数据

一级指标	二级指标	三级指标	广州市	韶关市	深圳市	珠海市	汕头市	佛山市	江门市
创新基础能力	机构基础	县部门以上属科研机构数量/家	101	7	6	7	9	3	3
		年末机构科研仪器设备价值/千元	5 485 623	12 723	639 559	21 581	14 750	7380	5230
	人才基础	本科学历人数/人	4686	76	331	86	142	29	29
		硕士学历人数/人	4194	18	676	75	12	26	10
		博士学历人数/人	2502	0	318	40	0	0	0
		中高级职称人数/人	8519	87	682	161	100	49	35
创新投入能力	人才投入	R&D人员折合工作量投入/人年	10 907	7	955	64	42	20	17
		技术人员折合工作量投入/人年	7857	4	759	51	18	14	12
		其他辅助人员折合工作量投入/人年	3050	3	196	13	24	6	5
	财力投入	R&D经费投入/千元	9 129 433	50 310	564 891	60 096	37 103	48 246	13 156
		生产经营投入/千元	1 870 554	1442	111 683	5374	9776	0	291
	课题投入	R&D课题数/个	6396	3	440	6	21	6	11
		其他课题数/个	1022	24	20	9	35	15	9
创新产出能力	论著产出	一般科技论文数/篇	6297	46	1 156	39	23	22	15

续表

一级指标	二级指标	三级指标	广州市	韶关市	深圳市	珠海市	汕头市	佛山市	江门市
创新产出能力	论著产出	高水平论文数(国外论文)/篇	2095	0	957	10	0	0	0
创新产出能力	论著产出	科技专著数/部	222	0	11	0	0	0	0
创新产出能力	专利产出	专利申请数/个	1352	3	979	40	0	5	2
创新产出能力	专利产出	专利授权数/个	796	0	520	12	0	1	1

一级指标	二级指标	三级指标	湛江市	茂名市	肇庆市	惠州市	梅州市	汕尾市	河源市
创新基础能力	机构基础	县部门以上属科研机构数量/家	11	8	5	7	5	3	2
创新基础能力	机构基础	年末机构科研仪器设备价值/千元	199 734	2993	2246	10 866	5517	0	0
创新基础能力	人才基础	本科学历人数/人	157	53	32	52	63	6	4
创新基础能力	人才基础	硕士学历人数/人	169	6	10	27	17	0	2
创新基础能力	人才基础	博士学历人数/人	61	1	0	5	0	0	0
创新基础能力	人才基础	中高级职称人数/人	376	71	44	61	91	2	6
创新投入能力	人才投入	R&D人员折合工作量投入/人年	137	19	24	91	38	0	0
创新投入能力	人才投入	技术人员折合工作量投入/人年	91	7	13	33	27	0	0
创新投入能力	人才投入	其他辅助人员折合工作量投入/人年	46	12	11	58	11	0	0

续表

一级指标	二级指标	三级指标	湛江市	茂名市	肇庆市	惠州市	梅州市	汕尾市	河源市
创新投入能力	财力投入	R&D经费投入/千元	183 311	23 413	18 129	61 207	38 205	1646	3480
		生产经营投入/千元	15 162	1201	0	407	181	0	0
	课题投入	R&D课题数/个	85	4	9	24	13	0	0
		其他课题数/个	83	8	17	23	15	0	0
创新产出能力	论著产出	一般科技论文数/篇	265	23	20	28	63	0	0
		高水平论文数（国外论文）/篇	56	0	0	2	0	0	0
		科技专著数/部	6	0	0	2	0	0	0
	专利产出	专利申请数/个	63	1	0	0	0	0	0
		专利授权数/个	66	1	0	0	0	0	0

一级指标	二级指标	三级指标	阳江市	清远市	东莞市	中山市	潮州市	揭阳市	云浮市
创新基础能力	机构基础	县部门以上属科研机构数量/家	1	0	8	3	2	4	2
		年末机构科研仪器设备价值/千元	1560	0	43 066	4893	701	39 834	308
	人才基础	本科学历人数/人	8	0	180	49	22	60	7
		硕士学历人数/人	1	0	78	14	0	5	2
		博士学历人数/人	0	0	29	2	0	0	0
		中高级职称人数/人	15	0	126	51	25	68	6

续表

一级指标	二级指标	三级指标	阳江市	清远市	东莞市	中山市	潮州市	揭阳市	云浮市
创新投入能力	人才投入	R&D人员折合工作量投入/人年	4	0	221	22	14	41	8
		技术人员折合工作量投入/人年	1	0	134	18	2	17	6
		其他辅助人员折合工作量投入/人年	3	0	87	4	12	24	2
	财力投入	R&D经费投入/千元	7233	0	97 692	21 832	9889	25 591	3548
		生产经营投入/千元	6290	0	12 396	0	0	815	1656
	课题投入	R&D课题数/个	2	0	62	8	4	12	3
		其他课题数/个	6	0	25	1	5	5	1
创新产出能力	论著产出	一般科技论文数/篇	8	0	49	17	4	15	5
		高水平论文数（国外论文）/篇	0	0	4	1	0	0	0
		科技专著数/部	0	0	1	1	0	5	0
	专利产出	专利申请数/个	0	0	31	0	0	2	0
		专利授权数/个	0	0	30	0	0	0	0

表4 科研机构创新能力评价指标标准化

一级指标	二级指标	三级指标	广州市	韶关市	深圳市	珠海市	汕头市	佛山市	江门市
创新基础能力	机构基础	县部门以上属科研机构数量	1.0000	0.0693	0.0594	0.0693	0.0891	0.0297	0.0297
		年末机构科研仪器设备价值	1.0000	0.0023	0.1166	0.0039	0.0027	0.0013	0.0010
	人才基础	本科学历人数	1.0000	0.0162	0.0706	0.0184	0.0303	0.0062	0.0062
		硕士学历人数	1.0000	0.0043	0.1612	0.0179	0.0029	0.0062	0.0024
		博士学历人数	1.0000	0.0000	0.1271	0.0160	0.0000	0.0000	0.0000
		中高级职称人数	1.0000	0.0102	0.0801	0.0189	0.0117	0.0058	0.0041
创新投入能力	人才投入	R&D人员折合工作量投入	1.0000	0.0006	0.0876	0.0059	0.0039	0.0018	0.0016
		技术人员折合工作量投入	1.0000	0.0005	0.0966	0.0065	0.0023	0.0018	0.0015
		其他辅助人员折合工作量投入	1.0000	0.0010	0.0643	0.0043	0.0079	0.0020	0.0016
	财力投入	R&D经费投入	1.0000	0.0055	0.0619	0.0066	0.0041	0.0053	0.0014
		生产经营投入	1.0000	0.0008	0.0597	0.0029	0.0052	0.0000	0.0002
	课题投入	R&D课题数	1.0000	0.0005	0.0688	0.0009	0.0033	0.0009	0.0017
		其他课题数	1.0000	0.0235	0.0196	0.0088	0.0342	0.0147	0.0088

续表

一级指标	二级指标	三级指标	广州市	韶关市	深圳市	珠海市	汕头市	佛山市	江门市
创新产出能力	论著产出	一般科技论文数	1.0000	0.0073	0.1836	0.0062	0.0037	0.0035	0.0024
		高水平论文数（国外论文）	1.0000	0.0000	0.4568	0.0048	0.0000	0.0000	0.0000
		科技专著数	1.0000	0.0000	0.0495	0.0000	0.0000	0.0000	0.0000
	专利产出	专利申请数	1.0000	0.0022	0.7241	0.0296	0.0000	0.0037	0.0015
		专利授权数	1.0000	0.0000	0.6533	0.0151	0.0000	0.0013	0.0013

一级指标	二级指标	三级指标	湛江市	茂名市	肇庆市	惠州市	梅州市	汕尾市	河源市
创新基础能力	机构基础	县部门以上属科研机构数量	0.1089	0.0792	0.0495	0.0693	0.0495	0.0297	0.0198
		年末机构科研仪器设备价值	0.0364	0.0005	0.0004	0.0020	0.0010	0.0000	0.0000
	人才基础	本科学历人数	0.0335	0.0113	0.0068	0.0111	0.0134	0.0013	0.0009
		硕士学历人数	0.0403	0.0014	0.0024	0.0064	0.0041	0.0000	0.0005
		博士学历人数	0.0244	0.0004	0.0000	0.0020	0.0000	0.0000	0.0000
		中高级职称人数	0.0441	0.0083	0.0052	0.0072	0.0107	0.0002	0.0007
创新投入能力	人才投入	R&D人员折合工作量投入	0.0126	0.0017	0.0022	0.0083	0.0035	0.0000	0.0000
		技术人员折合工作量投入	0.0116	0.0009	0.0017	0.0042	0.0034	0.0000	0.0000
		其他辅助人员折合工作量投入	0.0151	0.0039	0.0036	0.0190	0.0036	0.0000	0.0000

续表

一级指标	二级指标	三级指标	湛江市	茂名市	肇庆市	惠州市	梅州市	汕尾市	河源市
创新投入能力	财力投入	R&D经费投入	0.0201	0.0026	0.0020	0.0067	0.0042	0.0002	0.0004
		生产经营投入	0.0081	0.0006	0.0000	0.0002	0.0001	0.0000	0.0000
	课题投入	R&D课题数	0.0133	0.0006	0.0014	0.0038	0.0020	0.0000	0.0000
		其他课题数	0.0812	0.0078	0.0166	0.0225	0.0147	0.0000	0.0000
创新产出能力	论著产出	一般科技论文数	0.0421	0.0037	0.0032	0.0044	0.0100	0.0000	0.0000
		高水平论文数（国外论文）	0.0267	0.0000	0.0000	0.0010	0.0000	0.0000	0.0000
		科技专著数	0.0270	0.0000	0.0000	0.0090	0.0000	0.0000	0.0000
	专利产出	专利申请数	0.0466	0.0007	0.0000	0.0000	0.0000	0.0000	0.0000
		专利授权数	0.0829	0.0013	0.0000	0.0000	0.0000	0.0000	0.0000

一级指标	二级指标	三级指标	阳江市	清远市	东莞市	中山市	潮州市	揭阳市	云浮市
创新基础能力	机构基础	县部门以上属科研机构数量	0.0099	0.0000	0.0792	0.0297	0.0198	0.0396	0.0198
		年末机构科研仪器设备价值	0.0003	0.0000	0.0079	0.0009	0.0001	0.0073	0.0001
	人才基础	本科学历人数	0.0017	0.0000	0.0384	0.0105	0.0047	0.0128	0.0015
		硕士学历人数	0.0002	0.0000	0.0186	0.0033	0.0000	0.0012	0.0005
		博士学历人数	0.0000	0.0000	0.0116	0.0008	0.0000	0.0000	0.0000
		中高级职称人数	0.0018	0.0000	0.0148	0.0060	0.0029	0.0080	0.0007

续表

一级指标	二级指标	三级指标	阳江市	清远市	东莞市	中山市	潮州市	揭阳市	云浮市
创新投入能力	人才投入	R&D人员折合工作量投入	0.0004	0.0000	0.0203	0.0020	0.0013	0.0038	0.0007
		技术人员折合工作量投入	0.0001	0.0000	0.0171	0.0023	0.0003	0.0022	0.0008
		其他辅助人员折合工作量投入	0.0010	0.0000	0.0285	0.0013	0.0039	0.0079	0.0007
	财力投入	R&D经费投入	0.0008	0.0000	0.0107	0.0024	0.0011	0.0028	0.0004
		生产经营投入	0.0034	0.0000	0.0066	0.0000	0.0000	0.0004	0.0009
	课题投入	R&D课题数	0.0003	0.0000	0.0097	0.0013	0.0006	0.0019	0.0005
		其他课题数	0.0059	0.0000	0.0245	0.0010	0.0049	0.0049	0.0010
创新产出能力	论著产出	一般科技论文数	0.0013	0.0000	0.0078	0.0027	0.0006	0.0024	0.0008
		高水平论文数（国外论文）	0.0000	0.0000	0.0019	0.0005	0.0000	0.0000	0.0000
		科技专著数	0.0000	0.0000	0.0045	0.0045	0.0000	0.0225	0.0000
	专利产出	专利申请数	0.0000	0.0000	0.0229	0.0000	0.0000	0.0015	0.0000
		专利授权数	0.0000	0.0000	0.0377	0.0000	0.0000	0.0000	0.0000

表5 科研机构创新能力评价指标熵值及其权重

一级指标	二级指标	三级指标	熵值	权重
创新基础能力	机构基础	县部门以上属科研机构数量	0.674 703	0.024 665
		年末机构科研仪器设备价值	0.208 028	0.060 05
	人才基础	本科学历人数	0.361 884	0.048 384
		硕士学历人数	0.278 313	0.054 721
		博士学历人数	0.192 107	0.061 258
		中高级职称人数	0.306 291	0.0526
创新投入能力	人才投入	R&D 人员折合工作量投入	0.207 022	0.060 127
		技术人员折合工作量投入	0.193 335	0.061 164
		其他辅助人员折合工作量投入	0.234 105	0.058 073
	财力投入	R&D 经费投入	0.203 163	0.060 419
		生产经营投入	0.127 191	0.066 18
	课题投入	R&D 课题数	0.156 338	0.063 97
		其他课题数	0.356 351	0.048 804
创新产出能力	论著产出	一般科技论文数	0.277 426	0.054 788
		高水平论文数（国外论文）	0.242 519	0.057 435
		科技专著数	0.161 282	0.063 595
	专利产出	专利申请数	0.311 643	0.052 194
		专利授权数	0.319 846	0.051 572

表6 科研机构创新能力评价指标得分（百分制）

一级指标	二级指标	三级指标	广州市	韶关市	深圳市	珠海市	汕头市	佛山市	江门市
创新基础能力	机构基础	县部门以上属科研机构数量	2.4665	0.1709	0.1465	0.1709	0.2198	0.0733	0.0733
		年末机构科研仪器设备价值	6.0050	0.0139	0.7001	0.0236	0.0161	0.0081	0.0057
	人才基础	本科学历人数	4.8384	0.0785	0.3418	0.0888	0.1466	0.0299	0.0299
		硕士学历人数	5.4721	0.0235	0.8820	0.0979	0.0157	0.0339	0.0130
		博士学历人数	6.1258	0.0000	0.7786	0.0979	0.0000	0.0000	0.0000
		中高级职称人数	5.2600	0.0537	0.4211	0.0994	0.0617	0.0303	0.0216
创新投入能力	人才投入	R&D人员折合工作量投入	6.0127	0.0039	0.5265	0.0353	0.0232	0.0110	0.0094
		技术人员折合工作量投入	6.1164	0.0031	0.5909	0.0397	0.0140	0.0109	0.0093
		其他辅助人员折合工作量投入	5.8073	0.0057	0.3732	0.0248	0.0457	0.0114	0.0095
	财力投入	R&D经费投入	6.0419	0.0333	0.3738	0.0398	0.0246	0.0319	0.0087
		生产经营投入	6.6180	0.0051	0.3951	0.0190	0.0346	0.0000	0.0010
	课题投入	R&D课题数	6.3970	0.0030	0.4401	0.0060	0.0210	0.0060	0.0110
		其他课题数	4.8804	0.1146	0.0955	0.0430	0.1671	0.0716	0.0430

续表

一级指标	二级指标	三级指标	广州市	韶关市	深圳市	珠海市	汕头市	佛山市	江门市
创新产出能力	论著产出	一般科技论文数	5.4788	0.0400	1.0058	0.0339	0.0200	0.0191	0.0131
		高水平论文数（国外论文）	5.7435	0.0000	2.6237	0.0274	0.0000	0.0000	0.0000
		科技专著数	6.3595	0.0000	0.3151	0.0000	0.0000	0.0000	0.0000
	专利产出	专利申请数	5.2194	0.0116	3.7794	0.1544	0.0000	0.0193	0.0077
		专利授权数	5.1572	0.0000	3.3690	0.0777	0.0000	0.0065	0.0065
综合得分			100.0000	0.5608	17.1582	1.0796	0.8101	0.3633	0.2628

一级指标	二级指标	三级指标	湛江市	茂名市	肇庆市	惠州市	梅州市	汕尾市	河源市
创新基础能力	机构基础	县部门以上属科研机构数量	0.2686	0.1954	0.1221	0.1709	0.1221	0.0733	0.0488
		年末机构科研仪器设备价值	0.2186	0.0033	0.0025	0.0119	0.0060	0.0000	0.0000
	人才基础	本科学历人数	0.1621	0.0547	0.0330	0.0537	0.0650	0.0062	0.0041
		硕士学历人数	0.2205	0.0078	0.0130	0.0352	0.0222	0.0000	0.0026
		博士学历人数	0.1493	0.0024	0.0000	0.0122	0.0000	0.0000	0.0000
		中高级职称人数	0.2322	0.0438	0.0272	0.0377	0.0562	0.0012	0.0037

续表

一级指标	二级指标	三级指标	湛江市	茂名市	肇庆市	惠州市	梅州市	汕尾市	河源市
创新投入能力	人才投入	R&D人员折合工作量投入	0.0755	0.0105	0.0132	0.0502	0.0209	0.0000	0.0000
		技术人员折合工作量投入	0.0708	0.0054	0.0101	0.0257	0.0210	0.0000	0.0000
		其他辅助人员折合工作量投入	0.0876	0.0228	0.0209	0.1104	0.0209	0.0000	0.0000
	财力投入	R&D经费投入	0.1213	0.0155	0.0120	0.0405	0.0253	0.0011	0.0023
		生产经营投入	0.0536	0.0042	0.0000	0.0014	0.0006	0.0000	0.0000
	课题投入	R&D课题数	0.0850	0.0040	0.0090	0.0240	0.0130	0.0000	0.0000
		其他课题数	0.3964	0.0382	0.0812	0.1098	0.0716	0.0000	0.0000
创新产出能力	论著产出	一般科技论文数	0.2306	0.0200	0.0174	0.0244	0.0548	0.0000	0.0000
		高水平论文数（国外论文）	0.1535	0.0000	0.0000	0.0055	0.0000	0.0000	0.0000
		科技专著数	0.1719	0.0000	0.0000	0.0573	0.0000	0.0000	0.0000
	专利产出	专利申请数	0.2432	0.0039	0.0000	0.0000	0.0000	0.0000	0.0000
		专利授权数	0.4276	0.0065	0.0000	0.0000	0.0000	0.0000	0.0000
综合得分			3.3685	0.4386	0.3617	0.7709	0.4998	0.0818	0.0616

一级指标	二级指标	三级指标	阳江市	清远市	东莞市	中山市	潮州市	揭阳市	云浮市
创新基础能力	机构基础	县部门以上属科研机构数量	0.0244	0.0000	0.1954	0.0733	0.0488	0.0977	0.0488
		年末本机构科研仪器设备价值	0.0017	0.0000	0.0471	0.0054	0.0008	0.0436	0.0003

续表

一级指标	二级指标	三级指标	阳江市	清远市	东莞市	中山市	潮州市	揭阳市	云浮市
创新基础能力	人才基础	本科学历人数	0.0083	0.0000	0.1859	0.0506	0.0227	0.0620	0.0072
		硕士学历人数	0.0013	0.0000	0.1018	0.0183	0.0000	0.0065	0.0026
		博士学历人数	0.0000	0.0000	0.0710	0.0049	0.0000	0.0000	0.0000
		中高级职称人数	0.0093	0.0000	0.0778	0.0315	0.0154	0.0420	0.0037
创新投入能力	人才投入	R&D人员折合工作量投入	0.0022	0.0000	0.1218	0.0121	0.0077	0.0226	0.0044
		技术人员折合工作量投入	0.0008	0.0000	0.1043	0.0140	0.0016	0.0132	0.0047
		其他辅助人员折合工作量投入	0.0057	0.0000	0.1657	0.0076	0.0228	0.0457	0.0038
	财力投入	R&D经费投入	0.0048	0.0000	0.0647	0.0144	0.0065	0.0169	0.0023
		生产经营投入	0.0223	0.0000	0.0439	0.0000	0.0000	0.0029	0.0059
	课题投入	R&D课题数	0.0020	0.0000	0.0620	0.0080	0.0040	0.0120	0.0030
		其他课题数	0.0287	0.0000	0.1194	0.0048	0.0239	0.0239	0.0048
创新产出能力	论著产出	一般科技论文数	0.0070	0.0000	0.0426	0.0148	0.0035	0.0131	0.0044
		高水平论文数（国外论文）	0.0000	0.0000	0.0110	0.0027	0.0000	0.0000	0.0000
		科技专著数	0.0000	0.0000	0.0286	0.0286	0.0000	0.1432	0.0000
	专利产出	专利申请数	0.0000	0.0000	0.1197	0.0000	0.0000	0.0077	0.0000
		专利授权数	0.0000	0.0000	0.1944	0.0000	0.0000	0.0000	0.0000
综合得分			0.1183	0.0000	1.7569	0.2910	0.1578	0.5530	0.0959

表7 区域创新能力评价指标原始数据

一级指标	二级指标	广州市	韶关市	深圳市	珠海市	汕头市	佛山市	江门市
区域创新投入	R&D经费投入/万元	4 574 578.20	132 080.70	8 429 692.80	552 277.50	148 333.90	2 003 890.40	430 255.30
	R&D经费占GDP比重/%	2.34	1.08	4.32	2.48	0.71	2.32	1.78
	科学技术支出占财政支出比重	3.97	1.81	9.58	8.45	1.90	5.02	3.23
	规模以上工业企业R&D人员/人	80 509.00	6146.00	202 684.00	16 737.00	7697.00	74 427.00	17 120.00
区域创新产出	每万人口专利申请数/个	114.88	11.60	122.01	107.80	22.90	75.65	29.41
	每万人口专利授权数/个	57.19	7.06	63.02	55.43	14.20	38.49	14.88
	高新技术企业数/家	4739.00	65.00	8037.00	787.00	324.00	1388.00	357.00
区域创新环境	人均GDP/元	141 933.00	41 388.00	167 411.00	10 331.94	37 390.00	107.50	53 374.00
	外商直接投资占GDP比重/%	2.04	0.24	2.42	7.21	0.31	1.19	1.38

附 录

·187·

续表

一级指标	二级指标	湛江市	茂名市	肇庆市	惠州市	梅州市	汕尾市	河源市
区域创新投入	R&D经费投入/万元	98 237.40	161 523.30	220 150.20	698 804.10	29 133.30	60 153.30	25 233.80
	R&D经费占GDP比重/%	0.38	0.62	1.06	2.05	0.28	0.07	0.28
	科学技术支出占财政支出比重/%	1.21	0.44	1.70	4.29	0.92	1.78	1.84
	规模以上工业企业R&D人员/人	3053.00	5004.00	12 100.00	34 929.00	1962.00	2314.00	1473.00
区域创新产出	每万人口专利申请数/个	9.25	8.56	8.76	54.71	3.89	3.86	9.64
	每万人口专利授权数/个	3.53	2.60	4.76	20.71	2.80	2.11	4.20
	高新技术企业数/家	79.00	70.00	188.00	466.00	87.00	12.00	66.00
区域创新环境	人均GDP/元	35 285.00	43 211.00	51 177.99	71 605.00	24 032.00	27 285.00	29 205.00
	外商直接投资占GDP比重/%	0.17	0.20	1.24	2.34	0.38	0.09	0.74

续表

一级指标	二级指标	阳江市	清远市	东莞市	中山市	潮州市	揭阳市	云浮市
区域创新投入	R&D 经费投入/万元	93 750.60	62 348.20	1 648 344.30	759 672.40	63 965.40	119 566.80	39 448.00
	R&D 经费占 GDP 比重/%	0.74	0.45	2.41	2.37	0.65	0.60	0.51
	科学技术支出占财政支出比重/%	1.00	1.64	4.66	7.60	1.35	1.26	1.73
	规模以上工业企业 R&D 人员/人	1692.00	3684.00	64 963.00	38 970.00	3634.00	4018.00	1973.00
区域创新产出	每万人口专利申请数/个	8.59	8.01	68.58	109.13	21.26	7.95	6.00
	每万人口专利授权数/个	5.76	4.09	34.57	68.50	14.35	0.50	3.25
	高新技术企业数/家	25.00	112.00	2028.00	882.00	53.00	65.00	14.00
区域创新环境	人均 GDP/元	50 431.00	36 136.00	82 682.00	99 471.33	36 956.00	33 027.00	31 502.00
	外商直接投资占 GDP 比重/%	0.39	0.54	4.08	1.04	0.38	0.11	0.38

表8 区域创新能力评价指标标准化

一级指标	二级指标	广州市	韶关市	深圳市	珠海市	汕头市	佛山市	江门市
区域创新投入	R&D 经费投入	0.5413	0.0127	1.0000	0.0627	0.0146	0.2354	0.0482
	R&D 经费占 GDP 比重	0.5333	0.2378	1.0000	0.5663	0.1505	0.5290	0.4012
	科学技术支出占财政支出比重	0.3858	0.1491	1.0000	0.8757	0.1597	0.5012	0.3047
	规模以上工业企业 R&D 人员	0.3928	0.0232	1.0000	0.0759	0.0309	0.3626	0.0778
区域创新产出	每万人口专利申请数	0.9397	0.0655	1.0000	0.8797	0.1612	0.6076	0.2163
	每万人口专利授权数	0.8336	0.0965	0.9193	0.8078	0.2015	0.5586	0.2115
	高新技术企业数	0.5890	0.0066	1.0000	0.0966	0.0389	0.1715	0.0430
区域创新环境	人均 GDP	0.8477	0.2467	1.0000	0.0611	0.2228	0.0000	0.3184
	外商直接投资占 GDP 比重	0.2744	0.0224	0.3272	1.0000	0.0309	0.1555	0.1814

一级指标	二级指标	湛江市	茂名市	肇庆市	惠州市	梅州市	汕尾市	河源市
区域创新投入	R&D 经费投入	0.0087	0.0162	0.0232	0.0801	0.0005	0.0042	0.0000
	R&D 经费占 GDP 比重	0.0731	0.1279	0.2313	0.4645	0.0484	0.0000	0.0489
	科学技术支出占财政支出比重	0.0842	0.0000	0.1377	0.4205	0.0524	0.1464	0.1530
	规模以上工业企业 R&D 人员	0.0079	0.0175	0.0528	0.1663	0.0024	0.0042	0.0000
区域创新产出	每万人口专利申请数	0.0456	0.0398	0.0415	0.4304	0.0003	0.0000	0.0489
	每万人口专利授权数	0.0445	0.0309	0.0627	0.2973	0.0338	0.0237	0.0544
	高新技术企业数	0.0083	0.0072	0.0219	0.0566	0.0093	0.0000	0.0067

续表

一级指标	二级指标	湛江市	茂名市	肇庆市	惠州市	梅州市	汕尾市	河源市
区域创新环境	人均GDP	0.2103	0.2576	0.3053	0.4274	0.1430	0.1624	0.1739
	外商直接投资占GDP比重	0.0116	0.0164	0.1626	0.3168	0.0417	0.0000	0.0919

一级指标	二级指标	阳江市	清远市	东莞市	中山市	潮州市	揭阳市	云浮市
区域创新投入	R&D经费投入	0.0082	0.0044	0.1931	0.0874	0.0046	0.0112	0.0017
	R&D经费占GDP比重	0.1563	0.0885	0.5507	0.5407	0.1368	0.1230	0.1020
	科学技术支出占财政支出比重	0.0615	0.1314	0.4616	0.7830	0.0990	0.0898	0.1407
	规模以上工业企业R&D人员	0.0011	0.0110	0.3155	0.1864	0.0107	0.0126	0.0025
区域创新产出	每万人口专利申请数	0.0400	0.0351	0.5477	0.8910	0.1473	0.0346	0.0181
	每万人口专利授权数	0.0773	0.0528	0.5010	1.0000	0.2036	0.0000	0.0405
	高新技术企业数	0.0016	0.0125	0.2512	0.1084	0.0051	0.0066	0.0002
区域创新环境	人均GDP	0.3008	0.2153	0.4936	0.5939	0.2202	0.1968	0.1876
	外商直接投资占GDP比重	0.0421	0.0639	0.5609	0.1335	0.0415	0.0031	0.0418

表9 区域创新能力评价指标熵值及其权重

一级指标	二级指标	熵值	权重
区域创新投入	R&D 经费投入	0.590 143	0.191 886
	R&D 经费占 GDP 比重	0.882 587	0.054 97
	科学技术支出占财政支出比重	0.865 999	0.062 736
	规模以上工业企业 R&D 人员	0.664 004	0.157 306
区域创新产出	每万人口专利申请数	0.776 016	0.104 865
	每万人口专利授权数	0.802 991	0.092 236
	高新技术企业数	0.595 765	0.189 254
区域创新环境	人均 GDP	0.916 027	0.039 314
	外商直接投资占 GDP 比重	0.770 532	0.107 432

表10 区域创新能力评价指标得分（百分制）

一级指标	二级指标	广州市	韶关市	深圳市	珠海市	汕头市	佛山市	江门市
区域创新投入	R&D经费投入	10.3868	0.2439	19.1886	1.2033	0.2811	4.5176	0.9247
	R&D经费占GDP比重	2.9313	1.3072	5.4970	3.1128	0.8272	2.9078	2.2055
	科学技术支出占财政支出比重	2.4205	0.9351	6.2736	5.4939	1.0019	3.1441	1.9113
	规模以上工业企业R&D人员	6.1790	0.3653	15.7306	1.1933	0.4866	5.7035	1.2233
区域创新产出	每万人口专利申请数	9.8537	0.6867	10.4865	9.2249	1.6900	6.3719	2.2680
	每万人口专利授权数	7.6890	0.8899	8.4793	7.4509	1.8586	5.1527	1.9507
	高新技术企业数	11.1477	0.1250	18.9254	1.8277	0.7358	3.2450	0.8136
区域创新环境	人均GDP	3.3327	0.9700	3.9314	10.7432	0.8761	0.0000	1.2517
	外商直接投资占GDP比重	2.9483	0.2402	3.5149	10.7432	0.3324	1.6706	1.9491
	综合得分	56.8890	5.7634	92.0274	40.4904	8.0897	32.7132	14.4978

一级指标	二级指标	湛江市	茂名市	肇庆市	惠州市	梅州市	汕尾市	河源市
区域创新投入	R&D经费投入	0.1667	0.3112	0.4450	1.5379	0.0089	0.0797	0.0000
	R&D经费占GDP比重	0.4016	0.7029	1.2714	2.5535	0.2658	0.0000	0.2686
	科学技术支出占财政支出比重	0.5283	0.0000	0.8639	2.6379	0.3289	0.9185	0.9598
	规模以上工业企业R&D人员	0.1235	0.2761	0.8308	2.6156	0.0382	0.0657	0.0000

续表

一级指标	二级指标	湛江市	茂名市	肇庆市	惠州市	梅州市	汕尾市	河源市
区域创新产出	每万人口专利申请数	0.4784	0.4170	0.4351	4.5131	0.0029	0.0000	0.5127
	每万人口专利授权数	0.4105	0.2852	0.5782	2.7418	0.3121	0.2186	0.5020
	高新技术企业数	0.1580	0.1368	0.4151	1.0707	0.1769	0.0000	0.1273
区域创新环境	人均 GDP	0.8266	1.0129	1.2001	1.6801	0.5622	0.6386	0.6838
	外商直接投资占 GDP 比重	0.1245	0.1758	1.7470	3.4037	0.4479	0.0000	0.9871
综合得分		3.2180	3.3178	7.7867	22.7541	2.1439	1.9213	4.0413

一级指标	二级指标	阳江市	清远市	东莞市	中山市	潮州市	揭阳市	云浮市
区域创新投入	R&D 经费投入	0.1564	0.0847	3.7058	1.6768	0.0884	0.2154	0.0325
	R&D 经费占 GDP 比重	0.8594	0.4865	3.0270	2.9723	0.7522	0.6759	0.5609
	科学技术支出占财政支出比重	0.3855	0.8243	2.8958	4.9125	0.6210	0.5633	0.8827
	规模以上工业企业 R&D 人员	0.0171	0.1729	4.9636	2.9315	0.1689	0.1990	0.0391
区域创新产出	每万人口专利申请数	0.4195	0.3682	5.7439	9.3431	1.5446	0.3632	0.1898
	每万人口专利授权数	0.7134	0.4867	4.6209	9.2236	1.8781	0.0000	0.3735
	高新技术企业数	0.0307	0.2358	4.7543	2.0517	0.0967	0.1250	0.0047
区域创新环境	人均 GDP	1.1825	0.8466	1.9404	2.3349	0.8659	0.7736	0.7377
	外商直接投资占 GDP 比重	0.4521	0.6865	6.0264	1.4344	0.4462	0.0333	0.4493
综合得分		4.2167	4.1923	37.6781	36.8809	6.4621	2.9487	3.2703